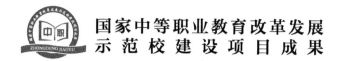
国家中等职业教育改革发展
示范校建设项目成果

电子焊接工艺

dianzi hanjie gongyi

主　编　黄利平

副主编　郭雄艺

参　编　郑洁平　李晓思　陈用刚　区瑞良

知识产权出版社

全国百佳图书出版单位

责任编辑：石陇辉　　　　　　　责任校对：董志英
封面设计·刘　伟　　　　　　　责任出版：孙婷婷

图书在版编目（CIP）数据

电子焊接工艺/黄利平主编.—北京：知识产权出版社，2016.5
国家中等职业教育改革发展示范校建设项目成果
ISBN 978 - 7 - 5130 - 2190 - 6

Ⅰ.①电…　Ⅱ.①黄…　Ⅲ.①电子技术—焊接工艺—中等专业学校—教材　Ⅳ.①TG456.9

中国版本图书馆 CIP 数据核字（2013）第 178917 号

国家中等职业教育改革发展示范校建设项目成果

电子焊接工艺

黄利平　主编

出版发行：	知识产权出版社 有限责任公司		邮　编：	100081
社　　址：	北京市海淀区西外太平庄 55 号		邮　箱：	bjb@cnipr.com
网　　址：	http://www.ipph.cn		传　真：	010 - 82005070/82000893
发行电话：	010 - 82000860 转 8101/8102			
责编电话：	010 - 82000860 转 8175		责编邮箱：	shilonghui@cnipr.com
印　　刷：	北京九州迅驰传媒文化有限公司		经　销：	新华书店及相关销售网点
开　　本：	787mm×1092mm　1/16		印　张：	6.5
版　　次：	2016 年 5 月第 1 版		印　次：	2016 年 5 月第 1 次印刷
字　　数：	155 千字		定　价：	22.00 元

ISBN 978-7-5130-2190-6

审定委员会

主　任：高小霞

副主任：郭雄艺　　罗文生　　冯启廉　　陈　强

　　　　刘足堂　　何万里　　曾德华　　关景新

成　员：纪东伟　　赵耀庆　　杨　武　　朱秀明　　荆大庆

　　　　罗树艺　　张秀红　　郑洁平　　赵新辉　　姜海群

　　　　黄悦好　　黄利平　　游　洲　　陈　娇　　李带荣

　　　　周敬业　　蒋勇辉　　高　琰　　朱小远　　郭观棠

　　　　祝　捷　　蔡俊才　　张文库　　张晓婷　　贾云富

序

根据《珠海市高级技工学校"国家中等职业教育改革发展示范校建设项目任务书"》的要求，2011年7月至2013年7月，我校立项建设的数控技术应用、电子技术应用、计算机网络技术和电气自动化设备安装与维修四个重点专业，需构建相对应的课程体系，建设多门优质专业核心课程，编写一系列一体化项目教材及相应实训指导书。

基于工学结合专业课程体系构建需要，我校组建了校企专家共同参与的课程建设小组。课程建设小组按照"职业能力目标化、工作任务课程化、课程开发多元化"的思路，建立了基于工作过程、有利于学生职业生涯发展的、与工学结合人才培养模式相适应的课程体系。根据一体化课程开发技术规程，剖析专业岗位工作任务，确定岗位的典型工作任务，对典型工作任务进行整合和条理化。根据完成典型工作任务的需求，四个重点建设专业由行业企业专家和专任教师共同参与的课程建设小组开发了以职业活动为导向、以校企合作为基础、以综合职业能力培养为核心，理论教学与技能操作融合贯通的一系列一体化项目教材及相应实训指导书，旨在实现"三个合一"：能力培养与工作岗位对接合一、理论教学与实践教学融通合一、实习实训与顶岗实习学做合一。

本系列教材已在我校经过多轮教学实践，学生反响良好，可用做中等职业院校数控、电子、网络、电气自动化专业的教材，以及相关行业的培训材料。

珠海市高级技工学校

前　　言

本书是电子技术专业优质核心课程"电子焊接工艺"的配套教材。课程建设小组以电子焊接职业岗位工作任务分析为基础，以国家职业资格标准为依据，以综合职业能力培养为目标，以典型工作任务为载体，以学生为中心，运用一体化课程开发技术规程，根据典型工作任务和工作过程设计课程教学内容和教学方法，按照工作过程的顺序和学生自主学习的要求进行教学设计并安排教学活动，共设计了 12 个任务，每个任务下设计了多个学习活动。通过这些任务，重点对学生进行电子产品的焊接与制作行业的基本技能、岗位核心技能的训练，并通过完成循环彩灯、万能充电器的制作等典型工作任务的一体化课程教学达到与电子技术专业对应的电子焊接工艺岗位的对接，践行"学习的内容是工作，通过工作实现学习"的工学结合课程理念，最终达到培养高素质技能人才的培养目标。

本书由我校电子技术应用专业相关人员与珠海诚立信电子科技有限公司、澳米嘉电子有限公司等企业的行业专家共同开发、编写完成。本书由黄利平担任主编，郭雄艺任副主编，参加编写的人员有郑洁平、李晓思、陈用刚、区瑞良。全书由黄利平统稿。

由于时间仓促，编者水平有限，加之改革处于探索阶段，书中难免有不足之处，敬请专家、同仁给予批评指正，为我们的后续改革和探索提供宝贵的意见和建议。

编　者

目　　录

项目一
电子焊接技能基础

电子焊接工艺在电子产品制造工艺过程中占很重要的一部分作用，它的操作是否安全、规范决定着人身安全及电子产品的质量，因此，焊接时注意用电安全是十分有必要的。另外，学习和掌握常用元器件的性能、用途、质量判别方法等，对学习电子技术、实践技能，提高电子产品的质量将起到重要的保障作用。

【知识目标】

（1）熟悉安全用电及文明操作的规章制度。
（2）熟悉常用元器件的种类。
（3）熟悉常用元器件的功能及作用。

【技能目标】

（1）培养学生对电子技术专业的兴趣。
（2）能采取合适的手段将静电对元器件的伤害降到最小。
（3）能懂得电阻、电容和晶体管等常用元件的识别、测量与选择。
（4）能操作规范并熟练使用测量工具。

任务一　安全用电及文明操作

【任务目标】

（1）熟悉安全用电及文明操作的规章制度。
（2）了解电子产品制造工艺流程。
（3）能采取合适的手段将静电对元器件的伤害降到最小。

【任务要求】

本任务主要让学习者熟悉电子焊接安全操作规程，能正确使用各种防静电设备，并能进行触电急救。

【任务实施】

一、电子焊接人员应具备的素质

（1）必须具备必要的电工知识，按其学习内容，熟悉安全操作规程和运行维修操作规程。

1

（2）应加强自我保护意识，自觉遵守供电、安全、维修规程，发现违反安全用电并足以危及人身安全、设备安全的重大隐患时应立即制止。

（3）应掌握触电解救法，以防在实习或工作中出现触电事故。

（4）在进行各项检测的操作过程中，必须遵守安全用电规则，特别是安全保护的设置。

二、电子焊接安全操作规程

（1）焊接电子产品时，必须穿戴规定的防护用品（实习工作服），减少人体静电对电子产品的危害。常见的防静电设备有防静电手腕带、脚腕带、工作服、鞋袜、帽、手套或指套等，具有静电泄漏、中和与屏蔽等功能，如图1-1所示。

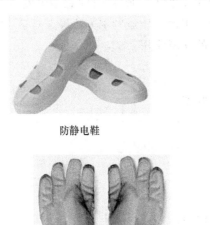
防静电鞋

防静电手腕带

防静电手套

防静电服

图1-1　各种防静电设备

（2）操作人员在焊接维修的电子产品时，必须在设备断电状态下进行。而在使用焊接工具前，应检查焊接工具的电源线绝缘层是否破损，装置是否松动。在使用时，出现任何异常情况，应先断开电源，再进行检查。

（3）操作人员要习惯单手操作，即用一只手操作，另一只手不要触及其中的金属零部件，包括底板、线路板、元器件等。

（4）在拔除高压帽、重新装配前，先用起子把高压嘴对外面的导电层进行多次放电，以免残留高压的电击。

（5）拆卸、装配、搬动显像管时，必须带好不碎玻璃型护目镜。

（6）在拉出线路板进行电压等测量时，要注意线路板放置的位置，背面的焊点不要被其他部件短接，可用纸板加以隔离。

（7）操作过程中，应采用正确的操作姿势和步骤，严禁敲打焊接工具，以免造成触电事故。严禁用手直接触及焊接设备焊接处，更不要用湿布或水去冲洗焊接工具，防止造成烫伤。

（8）操作结束后，应做好场地清洁和仪器或设备的整理工作，离开工作岗位时必须切断工作位电源。

三、触电急救的操作方法

由于电子焊接操作必须在通电的情况下才能进行，对于操作人员来说，有时的不注意、不小心就有可能造成触电。人触电以后，轻者会心慌、头晕、面色苍白、恶心、神志不清、四肢无力，只需安静休息，注意观察，不需特殊处理；重者会呼吸急促，心跳加快，血压下降，昏迷，呼吸停止，皮肤烧伤、坏死等。针对触电者的触电严重情况，应实施相应的急救方法。而有效的急救在于快而得法，即用最快的速度，施以正确的方法进行现场救护，多数触电者是可以复活的。触电急救具体实施方法和步骤介绍如下。

1. 脱离电源

电流对人体的作用时间越长，对生命的威胁越大。所以，触电急救的关键是首先要使触电者迅速脱离电源。脱离低压电源的方法主要有以下几种方式。

（1）"拉"：指就近拉开电源开关、拔出插销或瓷插保险。

（2）"切"：指用带有绝缘柄的利器切断电源线。

（3）"挑"：如果导线搭落在触电者身上或压在身下，这时可用干燥的木棒、竹竿等挑开导线或用干燥的绝缘绳套拉导线或触电者，使之脱离电源。

（4）"拽"：救护人可戴上手套或在手上包缠干燥的衣服、围巾、帽子等绝缘物品拖拽触电者，使之脱离电源。

（5）"垫"：如果触电者由于痉挛手指紧握导线或导线缠绕在身上，救护人可先用干燥的木板塞进触电者身下使其与地绝缘来隔断电源，然后再采取其他办法把电源切断。

2. 现场救护

触电者脱离电源后，应立即就地进行抢救。在现场施行正确的救护的同时，通知医务人员到现场，并做好将触电者送往医院的准备工作。根据触电者受伤害的轻重程度，现场救护有以下几种抢救措施。

（1）触电者未失去知觉的救护措施。如果触电者所受的伤害不太严重，神志尚清醒，只是心悸、头晕、出冷汗、恶心、呕吐、四肢发麻、全身乏力，甚至一度昏迷，但未失去知觉，则应让触电者在通风暖和的处所静卧休息并严密观察，同时请医生前来或送往医院诊治。

（2）触电者已失去知觉（心肺正常）的抢救措施。如果触电者已失去知觉，但呼吸和心跳尚正常，则应使其舒适地平卧着，解开衣服以利于呼吸，四周不要围人，保持空气流通，冷天应注意保暖，同时立即请医生前来或送往医院诊察。若发现触电者呼吸困难或心跳失常，应立即施行人工呼吸或胸外心脏挤压。

（3）对"假死"者的急救措施。如果触电者呈现"假死"（即电休克）现象，则可能有三种临床症状：一是心跳停止，但尚能呼吸；二是呼吸停止，但心跳尚存（脉搏很弱）；三是呼吸和心跳均已停止。"假死"症状的判定方法是"看""听""试"。"看"是观察触电者的胸部、腹部有无起伏动作；"听"是用耳贴近触电者的口鼻处，听他有无呼气声音；"试"是用手或小纸条试测口鼻有无呼吸的气流，再用两手指轻压一侧（左或右）看颈部凹陷处的颈动脉有无搏动感觉。如"看""听""试"的结果，既无呼吸又无颈动脉搏动，则可判定触电者呼吸停止、心跳停止或呼吸心跳均停止。

当判定触电者呼吸和心跳停止时，应立即按心肺复苏法就地抢救。心肺复苏法是支持生命的三项基本措施，即通畅气道、口对口（鼻）人工呼吸、胸外按压（人工循环）。

1）通畅气道。若触电者呼吸停止，要紧的是始终确保气道通畅，其操作要领是：使触电者仰面躺在平硬的地方，迅速解开其领扣、围巾、紧身衣和裤带。如发现触电者口内有食物、假牙、血块等异物，可将其身体及头部同时侧转，迅速用一个手指或两个手指交叉从口角处插入，从中取出异物。操作中要注意防止将异物推到咽喉深处。为使触电者头部后仰，可于其颈部下方垫适量厚度的物品，但严禁用枕头或其他物品垫在触电者头下，因为头部抬高前倾会阻塞气道，还会使施行胸外按压时流向脑部的血量减小，甚至完全消失。

2）口对口（鼻）人工呼吸。救护人在完成气道通畅的操作后，应立即对触电者施行口对口或口对鼻人工呼吸。口对鼻人工呼吸用于触电者嘴巴紧闭的情况。人工呼吸的操作要领如下：先大口吹气刺激起搏。救护人蹲跪在触电者的左侧或右侧，用放在触电者额上的手指捏住其鼻翼，另一只手的食指和中指轻轻托住其下巴；救护人深吸气后，与触电者口对口紧合，在不漏气的情况下，先连续大口吹气两次，每次1～1.5s；然后用手指试测触电者颈动脉是否有搏动，如仍无搏动，可判断心跳确已停止，在施行人工呼吸的同时应进行胸外按压。

注意

触电者如牙关紧闭，可改行口对鼻人工呼吸。吹气时要将触电者嘴唇紧闭，防止漏气。

3）胸外按压。胸外按压是借助人力使触电者恢复心脏跳动的急救方法。其有效性在于选择正确的按压位置和采取正确的按压姿势。

①确定正确的按压位置。

• 右手的食指和中指沿触电者的右侧肋弓下缘向上，找到肋骨和胸骨接合处的中点。

• 右手两手指并齐，中指放在切迹中点（剑突底部），食指平放在胸骨下部，另一只手的掌根紧挨食指上缘置于胸骨上，掌根处即为正确按压位置。

②正确的按压姿势。

• 使触电者仰面躺在乎硬的地方并解开其衣服，仰卧姿势与口对口（鼻）人工呼吸法相同。

• 救护人立或跪在触电者一侧肩旁，两肩位于触电者胸骨正上方，两臂伸直，肘关节固定不屈，两手掌相叠，手指翘起，不接触触电者胸壁。

• 以髋关节为支点，利用上身的重力，垂直将正常成人胸骨压陷3～5cm（儿童和瘦弱者酌减）。

• 压至要求程度后，立即全部放松，但救护人的掌根不得离开触电者的胸壁。

③恰当的按压频率。

• 胸外按压要以均匀速度进行。操作频率以80次/min为宜，每次包括按压和放松一个循环，按压和放松的时间相等。

• 当胸外按压与口对口（鼻）人工呼吸同时进行时，操作的节奏为：单人救护时，每按压15次后吹气2次（15：2），反复进行；双人救护时，每按压15次后由另一人吹气1次（15：1），反复进行。

4

四、技能实训

1. 技能训练器材与工具

符合安全用电要求的实训室及实训设备、防静电手腕带、脚腕带、工作服、鞋袜、帽、手套或指套、触电急救设备等。

2. 技能训练要求

（1）正确使用各种防静电设备。

（2）按要求进行触电急救的操作。

【任务测试】

（1）你认为电子技术工作人员应该干些什么？他们应该具备哪些基本素质？

_____

_____

_____

（2）从事电子技术专业会有危险吗？有哪些危险？

_____

_____

_____

（3）通过查阅学习资料，你觉得应该怎样进行静电防护，使电子元器件对人的伤害最小？

_____

_____

_____

【任务评估】

班级			姓名			学号			
评价项目	自我评价			小组评价			教师评价		
	8～10	6～7	1～5	8～10	6～7	1～5	8～10	6～7	1～5
学生纪律与积极性									
资料收集									
防静电设备的使用									
触电急救									
安全操作规程执行									
协作精神及时间观念									
任务完成情况									
总评									

任务二 万用表的认识与使用

【任务目标】

（1）了解万用表的工作原理及表头的工作原理。
（2）熟悉万用表的面板结构。
（3）掌握万用表的一些基本操作。

【任务要求】

本次任务主要认识万用表的结构与面板，熟练掌握万用表的基本操作，为今后掌握常用元器件的性能检测及电压、电流的测量打下牢固的基础。

【任务实施】

一、认识万用表的结构及工作原理

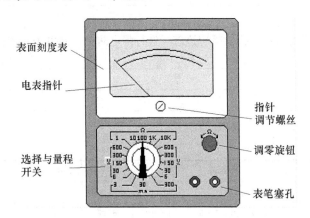

图1-2 万用表外部结构

1. 万用表外部结构（如图1-2所示）

（1）刻度盘：黑色的"Ω"线、黑色的"DC V·A""AC V"线、红色的"AC 10V"线、绿色的"hFE"线（测晶体管的电流放大倍数，有的万用表无此功能）、绿色的"LV"线（测二极管的正向电压）、红色的"Iceo"线（测晶体管的漏电流）、红色的"dB"线（测音频电平）以及消除视差的反光镜。

（2）调零旋钮：机械调零和欧姆调零。

2. 万用表的工作原理

万用表的内部构造是由表头（微安表）、挡位选择及相关电路组成。万用表的基本原理是利用一只灵敏的磁电式直流电流表（微安表）做表头，当微小电流通过表头，就会有电流指示。但表头不能通过大电流，必须在表头上并联与串联一些电阻进行分流或降压，从而测出电路中的电流、电压和电阻。

拆开万用表，观察其内部（不可拆卸旋盘）结构；轻轻掀开表头的盖纸，观察表头游丝及线圈，并在测量时观察指针的转动（表头结构精细，不可用任何物体触碰）。观察后及时把盖纸贴好，以免过多灰尘进入表头游丝。

二、万用表的使用

1. 万用表的工作原理

当用万用表测量电压和电流时，通过万用表内部电阻的分压和限流作用，在表头的额定电压或电流不变的情况下，万用表可以通过串联或并联内部电阻输出比表头电压或电流高出数十倍甚至数百倍的电压或电流，从而扩展测量量程。

当用万用表测量电阻等无源元器件时，就会接通万用表内部的电池，使表头可以因有电流流过而偏转。由于表头电流方向的需要，万用表的黑表笔接在万用表内部电池的正极。

2. 使用前的准备

安装电池、机械校零及安插表笔。

3. 电流、电压的测量方法及步骤

（1）估计被测值的最大值。

（2）选择合适的量程，即量程要大于并接近估计值的最大值。

（3）若无法估计，先选最高量程，再根据实际进行调整。

（4）测量：红笔接正，黑笔接负。

温馨提示

读数时要使指针与反光镜中指针的影子成一线，此时所读的数值才准确。

4. 测量电压、电流

（1）直流电压的测量。测量方法如上，如图 1 - 3 所示。

1）测量并记录万用表内的 1.5V 电池的实测值：_____。

2）测量并记录万用表内的 9V 电池的实测值：_____。

（2）交流电压的测量。电流电压不分正负，方法如图 1 - 3 所示。测量交流 220V 频率 50Hz 的市电，并记录：_____。

（3）直流电流的测量。测量方法如上，如图 1 - 3 所示。

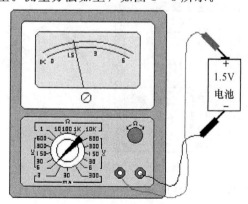

图 1 - 3　万用表测电压

（4）按表1-1计算并测量电流值。

表1-1 测量电流值

电压/V	1.5		9	
电流值/A	计算值	实测值	计算值	实测值
150Ω电阻				
15kΩ电阻				

5.电阻挡的使用

（1）万用表内两个1.5V的电池和一个9V的电池只供给电阻挡使用。

（2）由于在使用电阻挡时万用表内部对所测电阻供电，所以才产生了电流，表头指针才会动。

（3）因为内部带电，有正负之分，万用表内部黑笔接的是正极，红笔接的负极。做以下实验可知在使用电阻挡时黑、红表笔所带的电压大小。

具体做法：万用表1选在电阻挡，万用表2选在直流电压挡，用万用表2的直流电压挡来测量万用表1的各个电阻挡的电压（即红笔接黑笔，黑笔接红笔），记录填入表1-2中。

表1-2 万用表测量值

表1的选挡	×1Ω挡	×10Ω挡	×100Ω挡	×1kΩ挡	×10kΩ挡
表2的测量值/V					

总结：

1）两个1.5V电池用在_____、_____、_____电阻挡。

2）9V电池用在_____电阻挡。

6.测量电阻步骤（如图1-4所示）

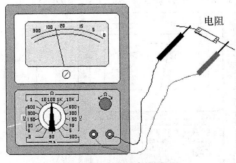

图1-4 万用表测电阻

（1）读出电阻的标称值，或估计所测元件的阻值大小。

（2）选挡。选择合适的挡位，原则是指针位置在满偏的 $10\%\sim50\%$ ，此时读数较准，可减少读数的误差。

（3）欧姆调零。选好挡后，将黑、红表笔短相接，观察指针是否在"Ω"零处。

温馨提示

当电量不足时是无法调零的，这时更换电池即可。但如果不方便更换电池，也可重定参考值，如调"1""5""10"等均可，只需在读出测量值后减去所调的数值即可。但电池还应尽快更换，以免引起读数不准或因电池漏液引起万用表的损坏。

（4）测量与读数。准确读出指针所显示的值，并根据所选挡位，把挡位与读数相乘，即为电阻阻值。

人体电阻的测量

用双手分别握住两根表笔，测量出各自的人体电阻，并记录。

小贴士

你手上的皮肤越细腻，电阻越小；你的手汗越多，你的电阻也越小。

7. 音频电平的测量

（1）实验材料与仪器：MP3、MP4 或其他有音源输出的设备，$0.1\mu F$ 的电容。

（2）测量步骤。

1）选挡：交流 10V 挡。

2）连线：把音源的正输出连接 $0.1\mu F$ 的电容，再用红表笔接上，而黑表笔则接在音源的负输出。

3）读数：观察"dB"刻度线上指针所指的位置，单位为分贝（dB）。

（3）测量_____的音频输出电平为_____，换算电压为_____。

【知识链接】

（1）电压读数时根据量程，对应刻度盘的 250、50、10 进行小数点的移位，并读出被测量的正确值。

（2）0dB 对应 0.775V，其他读数可用公式"电平＝10lg 电压"来换算。各挡的修正值如表 1-3 所示。

表 1-3　　　　　　　　　万用表电压挡各挡位修正值

量程挡位	修正值
～10V	0
～50V	+14dB
～250V	+28dB
～500V	+34dB
～1000V	+40dB

【任务测试】

（1）万用表的刻度盘、挡位选择开关、调零旋钮及一些插孔分别起什么作用？

_____

_____

（2）拆开万用表，观察其内部（不可拆旋盘），看看找到了什么。

_____

（3）万用表使用前应做哪些准备工作？

_____

（4）按表1-4测470Ω一栏的电阻，要求测量20个电阻，并记录相关资料。

表1-4 　　　　　　　　　　电 阻 测 量

电阻	黄紫棕金				
标称值	470Ω				
偏差	±5%				
量程选择	×100				
是否调零	√				
实测值	470Ω				
误差	0%				
好/坏	好				

【任务评估】

班级		姓名		学号					
评价项目	自我评价			小组评价			教师评价		
	8~10	6~7	1~5	8~10	6~7	1~5	8~10	6~7	1~5
学生纪律与积极性									
资料收集									
万用表工作原理分析									
万用表测电压									
万用表测电流									
万用表测电阻									
安全操作规程执行									
协作精神及时间观念									
任务完成情况									
总评									

任务三　常用元器件的识别与检测

【任务目标】

（1）能正确选择各种类型的常用元器件。

（2）熟悉常用元器件的应用领域。

（3）能熟练测量元器件的阻值、极性，并能判别它们的好坏。

【任务要求】

本次任务主要认识各种常用元器件的类型，并学会检测元器件的参数及性能，为焊接电路做好准备。

【任务实施】

一、电阻的识别与检测

电阻器是组成电路的元件之一，是一种以对电流影响（阻碍）的大小做定值的元件。电阻器简单分为固定电阻、电位器和敏感电阻三大类，其示例如图 1-5 所示。

普通电阻　　　微调电阻　　　电位器　　　热敏电阻

图 1-5　电阻器种类

1. 作用

电阻器即固定电阻，是用电阻率较高的材料制成的，通常用来稳定和调节电流、电压，即作为分流器和分压器，它在电路中主要起限流、分压、耦合和负载等作用。

2. 标称和偏差

（1）直标法。用具体的数字、单位或偏差直接把阻值和偏差标记在电阻体上。

1）规定单位：欧［姆］（Ω）、千欧（kΩ）、兆欧（MΩ）。

2）规定偏差：Ⅰ（±5%）、Ⅱ（±10%）、Ⅲ（±20%）。

如图 1-6 所示，电阻阻值为 5.1kΩ，偏差为 ±5%。

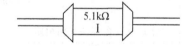

图 1-6　直标法标值电阻

（2）文字符号法。将标称阻值及允许偏差用文字和数字有规律地组合起来表示（阻值读法如日常生活的钱和重量的读法）。

文字符号：R——欧（10^0）　　　K——千欧（10^3）　　　M——兆欧（10^6）

G——千兆欧（10^9）　　　T——兆兆欧（10^{12}）

例如，图1-7中，3K6J的阻值为3.6kΩ，偏差为±5%。

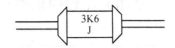

图1-7 文字符号法标值电阻

（3）数码表示法。如：222J表示阻值$22×10^2Ω=2.2kΩ$，偏差±5%。贴片电阻多用数码法。

（4）色环法。用不同颜色表示电阻数值和偏差或其他参数时的色环符号规定，如表1-5所示。采用色环法的电阻器颜色醒目，标志清晰，不易褪色，从各方向都能看清阻值和允许偏差。在无线电装配时，采用色环法识读电阻阻值，有利于整机的自动化生产和增加装配密度。实际应用上广泛采用色环法。

表1-5 色环符号规定

颜色	银	金	黑	棕	红	橙	黄	绿	蓝	紫	灰	白	无色
有效数字	—	—	0	1	2	3	4	5	6	7	8	9	—
乘数	10^{-2}	10^{-1}	10^0	10^1	10^2	10^3	10^4	10^5	10^6	10^7	10^8	10^9	—
允许偏差/%	±10	±5	—	±1	±2	—	—	±0.5	±0.2	±0.1	—	$+50 \\ -20$	±20
额定电压/V	—	—	4	6.3	10	16	25	32	40	50	63	—	—

注：该表也适合于电容和电感的色标法。它们的单位分别是：电阻为Ω，电容为pF，电感为μH。以上额定电压只限于电容。

1）示意图（如图1-8所示）。

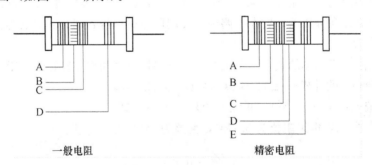

图1-8 色环法标值电阻

2）电阻阻值计算公式。

一般电阻阻值：$AB×10^C±D$（Ω）。

精密电阻阻值：$ABC×10^D±E$（Ω）。

（5）万用表检测法。

1）选择合适的电阻挡位，不能确定电阻大小时选用$R×100$挡。

2) 两表笔交叉短接，旋动万用表右上角欧姆调零按钮进行欧姆调零。

3) 将两表笔横跨于电阻引脚两端，观察表针所指读数，若表针趋于∞，电阻挡位调大（越大调大）；若表针趋于0，电阻挡位调小（越小调小），直至表针停留在表盘中间或偏右1/3处，为最佳读数位置，其精确度最高。

4) 所测电阻值＝表针所指读数×所选电阻挡位值。

【知识链接一】

电阻的种类较多，一般分为以下几种。

(1) 碳膜电阻（1Ω～10MΩ）：各项参数都一般，但其价格低廉，广泛应用于各种电子产品中。

(2) 金属膜电阻（1Ω～10MΩ）：温度系数小，稳定性好，噪声低，同功率下与碳膜电阻相比体积较小，但价格稍贵。

(3) 金属氧化膜电阻（1Ω～200kΩ）：耐高温、耐潮湿、单位面积耐功率大，机械性能好，化学性能稳定，但其阻值范围窄，温度系数比金属膜电阻差。

(4) 线绕电阻（0.01Ω～10MΩ）：可以制成精密型和功率型电阻。

(5) 金属玻璃釉电阻（5.1Ω～200MΩ）：耐高温，功率大，阻值宽，温度系数小，耐湿性好，常用它制成小型化贴片电阻。

(6) 实心电阻（4.7Ω～22MΩ）：过负载能力强，不易损坏，可靠性高，价格低廉，但其他指标都较差。

(7) 合成碳膜电阻（1Ω～10MΩ）：主要用来制造高压高阻电阻器。

(8) 电阻排：又称集成电阻，在一块基片上制成多个参数性能一致的电阻，常在计算机上使用。

(9) 熔断电阻：又称为水泥电阻，常用陶瓷或白水泥封装，内有热熔断电阻丝，当工作功率超过其额定功率时会在规定时间内熔断，主要起保护其他电路的作用。

【任务测试一】

1. 练习

请在基本功训练板上找出20个电阻，按要求填于表1-6中。（注：相同数值的电阻不得超过2个）

表1-6   电阻测量练习一

色环	绿蓝红金				
标称值	5.6kΩ				
测量值	5.6kΩ				
偏差	±5%				

要求：在做完以上练习后，反复练习，以求能达到在1min内读出5个以上的电阻。

13

2. 自我测试表（表 1－7）

表 1－7　　　　　　　　　　　　　　　电阻测量练习二

标称值	8.2kΩ		1Ω			150kΩ
测量值						
偏差	±10%		±5%			±2%
色环		黄橙棕金		红红红银	蓝灰黑金	
标称值	4.7kΩ		560Ω			51Ω
测量值						
偏差	±1%		±2%			±5%
色环		橙白橙金		灰蓝红银	棕蓝绿黑红	
标称值	27Ω		100kΩ			62kΩ
测量值						
偏差	±2%		±10%			±5%
色环		红棕绿金		黄白黑黄红	蓝灰黄金	

二、电容的识别与检测

1. 电容的识读

（1）作用。电容器是组成电路的基本元件之一，是一种储存电能的元件，有隔直通交的特性，在电路中起滤波、旁路和耦合等作用。图 1－9 表示了不同电容的符号。

一般电容　　　　电解电容　　　　可变电容　　　　微调电容

图 1－9　电容的种类

（2）标称和偏差。

1）直标法。在电容器的表面直接标出其主要参数和技术指标，如容量、偏差、温度、耐压等。

规定单位：微法，μF（$10^{-6}F$）；皮法，pF（$10^{-12}F$）；纳法，nF（$10^{-9}F$）。

①电解电容，如 $47\mu F/16V$ 等。

②以 pF 为单位的小电容，如 3300，500，25，8 等。

③以 μF 为单位的小电容，如 .02，.47 等。

2）文字符号法。同电阻读法，如 6n8 即 6.8nF 或 6800pF。

14

3）数码表示法。如 223J 表示阻值 $22×10^3pF=0.022\mu F$，偏差 $±5\%$。

小窍门

①数码法中，如果第三位是"0"就属于直读法；②数码法中，万 pF 以上的电容把它化做 μF。所以第三位为 3 时，读做"零点零几"μF，第三位为 4 时，读做"零点几"μF。

4）色环法是电阻读法，区分这种电容与电阻时，只需看形状，即电阻有"腰"。色环电容一般用在电子计算机等精密仪器中。

2. 电容的检测

电容器常见故障有开路、击穿短路、漏电或容量减小等，除了准确的容量要用专用的仪表测量外，其他电容器的故障用万用表都能很容易地检测出来。

（1）无极性小电容的检测步骤。

1）先选择 $\Omega×10k\Omega$ 的电阻挡挡位，再两表笔短接调零。

2）用任意一表笔接在电容任意一脚上，另一表笔对准电容另一脚，但先不接上。

3）眼睛移看表头后，再接上未接上的一支表笔和电容的一脚。此时，可看见指针轻轻地跳动了一下，很快就又回到 ∞ 处。这个过程是一个电容充电的过程。

4）判别标准：以上结果说明电容的性能很好，没有漏电过程。

小贴士

5000pF 以下的电容如果没有跳动的情况，指针在 ∞ 处也说明电容的性能是好的。反之，指针不停在 ∞ 处说明电容有漏电现象，性能不好。

（2）带极性的电解电容的检测步骤。

1）选用 $\Omega×100$ 或 $\Omega×1k$ 电阻挡挡位，再两表笔短接调零，可根据被测电容的容量来选挡，容量越大选挡越小。

2）用黑表笔接电容正极，红表笔接电容负极，看表头指针很快地从左到右偏转，然后慢慢地从右到左偏转，这是一个充电的过程。指针最后指示的阻值就是正向漏电电阻的大小。

3）判别标准：测出来的正向漏电电阻在 $500k\Omega$ 以上为性能好的电容。也可根据电路选择较好的电容。

（3）电容器容量的估算方法。

1）根据不同类型的电容选挡（电容容量越大选偏小挡位，容量越小选偏大挡位）。

2）看其从左到右的偏转幅度来判别其容量，偏转幅度越大，电容容量越大。

3）电容容量越大，从左到右的摆动幅度越大，从右到左的充电过程越慢，所以想快速测量可选小一挡。

4）遇到容量很小的电容（5000pF 以下的小电容），可先正向充一次电，再反向充一次电，即可看到指针的跳动。

三、电感的识别与检测

1. 电感器的识读

（1）作用。电感器是组成电路的基本元件之一，是一种储存磁能的元件，且有隔交通直的特性，在电路中与电容配合可起调谐、选频等作用。图 1-10 是不同电感的表示符号。

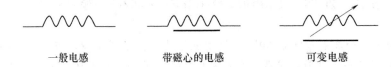

一般电感　　　　　　带磁心的电感　　　　　　可变电感

图 1-10　电感的种类

（2）标称和偏差。

1）直标法。用具体的数字、单位或偏差直接把电感量和偏差标记在电感体上。规定单位：微亨，μH（$10^{-6}H$）；毫亨，mH（$10^{-3}H$）。

2）色环法是电阻读法，区分这种电感与电阻时只需看形状，即电阻有"腰"，而电感没有。

2. 变压器的检测

变压器就是两个电感绕在绝缘骨架上，如图 1-11 所示。变压器的作用是把输入的交流电压按所绕的线圈（左边叫初级，右边叫次级）比例变压。

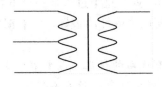

图 1-11　变压器

例如，初级线圈/次级线圈＝22：1，即输入电压为 220V，输出电压为 10V。

小贴士

电感有"来者拒，去者留"的特性，所以在万用表把电压加上去的瞬间，电感产生一个与万用表表内电压相反的电流作为抗拒；而在万用表离去断电时，电感则会产生一个与万用表表内电压相同的电流作为挽留。此瞬间电流较大，但对人体无损害。

变压器的分类如下。

1）空心变压器：用作天线线圈。

2）振荡线圈：用作接收机或发射机的本机振荡。

3）音频变压器：又叫输入或输出变压器，用作低频功率放大。

4）中频变压器：又叫中周，分为白、红、绿三种，分别用于接收机的中放Ⅰ、Ⅱ、Ⅲ路中。

小贴士

变压器不但可以把高压变成低压，还可以把低压升为高压，但此高压对人体的伤害较小，原因是在功率相同的情况下电压上升、电流下降。

【知识链接二】

1. 电容的类别

（1）瓷片电容：以陶瓷为介质的电容器，根据介质常数可分为高频瓷介电容器 CC 和低频瓷介电容器 CT。

（2）CC 瓷介电容：介质常数大于 1000，主要特点是体积小，性能稳定，耐热性好，绝缘电阻大，损耗小，成本低廉，容量范围在 $1pF\sim0.1\mu F$。

（3）CT 瓷介电容：介质常数小于 1000，主要特点是体积相对比 CC 型瓷介电容小，容量比 CC 型大，容量最大达 $4.7\mu F$，但其绝缘电阻低，损耗大，稳定性比 CC 型差。

（4）云母电容：以云母作为介质，主要特点是精度高，性能稳定、可靠，损耗小，绝缘电阻很高，是一种优质电容器，但容量小，一般在 $4.7\sim5100pF$，体积大，成本高。

（5）玻璃电容：以玻璃作为介质，稳定性介于云母电容与瓷介电容之间，是一种耐高温、相对体积小、成本低廉、性能较高的电容，可制成贴片元件。

（6）纸介电容：以纸作为介质，其特点是制造成本低，容量范围大，但绝缘电阻小，损耗大，体积大。另外还有一种金属化纸介电容，击穿后能自愈。

（7）有机薄膜电容：以有机薄膜作为介质。性能较好，容量范围大，但稳定性还不够高。

（8）电解电容：以金属氧化膜为介质。金属为阳极，电解质为阴极，其容量范围很大，一般在 $0.47\sim200000\mu F$。根据介质分为铝电解电容和钽电解电容。

1）铝电解电容：以铝金属为阳极，常以圆筒状铝壳封装，最大特点是容量范围大，价格低廉，但其绝缘性差，损耗大，温度稳定性和频率特性差，电解液易干涸老化，不耐用，额定直流工作电压低。

2）钽电解电容：分固体钽电解电容器和液体钽电解电容两种。与铝电解电容相比，绝缘性好，相对体积损耗小，温度稳定性、频率特性好，耐用，不易老化，但相对额定直流工作电压较低。

（9）可变电容器：主要由动片和定片及之间的介质以平行板式结构组成。动片和定片通常是半圆形或类似半圆形。转动动片，则改变了它们的平衡面积，从而改变其容量。可变电容介质常见的有空气、聚苯乙烯、陶瓷等。单个可调电容称单联可调电容器，两个称为双联，四个称为四联，多个称为多联。

2. 偏差的文字符号（表 1-8）

表 1-8 偏 差 的 文 字 符 号

字母	W	B	C	D	F	G	J	K	M	N	P	S	Z
误差 /%	± 0.05	± 0.1	± 0.2	± 0.5	± 1	± 2	± 5	± 10	± 20	± 30	100 -0	+50 -20	+80 -20

【任务测试二】

1. 练习

请在基本功训练板上找出 5 个电解电容，10 个无极性小电容，并按要求填于表 1-9 和表 1-10 中。（注：相同数值的电容不得超过 2 个；要求在做完练习后，再反复练习，以求能达到在 1min 内读出并测出 3 个以上的电容）

表 1 - 9　　　　　　　　　　　电 解 电 容 测 量 练 习

电解电容					
标称容量					
耐压					
其他参数					
量程选择					
调零与否					
正向漏电 电阻					
判别好坏					

小贴士

正向漏电电阻大于 $500k\Omega$ 的电解电容是最好的，而普通电容的漏电电阻只需大于 $100k\Omega$ 就可以使用。

表 1 - 10　　　　　　　　　无极性小电容测量练习

无极性小电容					
标称容量					
偏差					
耐压					
指针有无偏转					
漏电电阻					
判别好坏					

小贴士

小电容只选用 $\times 10k$ 挡。小于 $5000pF$ 的小电容几乎看不出其充放电过程，所以漏电电阻为 ∞ 是可以使用的。

2. 电感的种类有哪些？怎么确定电感的容量？

_____

_____

_____

3. 变压器

(1) 测量变压器的初级与次级阻值，再通电测量变压器的输入、输出电压（表 1 - 11）。

表 1-11　　　　　　　　　变压器测量练习

	电　阻	电　压
初级		
次级		

（2）计算该变压器的匝数比。

匝数比 1＝初级电压：次级电压＝＿＿＿＿＿＿：＿＿＿＿＿＿

匝数比 2＝初级电压：次级电压＝＿＿＿＿＿＿：＿＿＿＿＿＿

（3）按以下步骤做触电实验。

具体做法：万用表选在 Ω×1 挡，同学 1 先把双手分别放在变压器的初级，同学 2 用万用表两表笔去触碰变压器的次级，观察此时同学 1 是否会有触电的感觉。此实验也可多人拉手进行。

你触电的感觉与经验之谈。

_____

_____

四、半导体二极管的识别与检测

在自然界中，把物质按导电的性能来分，分为导体、半导体和绝缘体，其中半导体的导电性介于导体和绝缘体之间，它的导电性可根据外界环境的改变而改变，如电压、温度等。硅和锗是半导体中常用的材料，锗管的电阻比硅管的电阻小。在本次任务中，主要讲述半导体二极管的作用与特性。

1. 作用

具有单向导电性，能起开关、稳压、保护等作用。文字符号用 VD 表示。

2. 种类与电路符号

二极管的种类如图 1-12 所示。

　普通二极管　　　稳压二极管　　　发光二极管　　　光电二极管

图 1-12　二极管的种类

3. 普通二极管的性能检测

二极管的极性可从二极管实物中看出来，一般带环的一头表示负极。根据二极管的单向导电性，也可以用万用表来测量其正负极及好坏。

（1）选 $R×100$ 或 $R×1k$ 挡，调零。

（2）正反各测一次，测量出二极管的正反电阻。阻值小的一次说明二极管在导通的状态，这时黑表笔接的是二极管的正极。

（3）一般不选用 $R×1$ 或 $R×10k$ 挡，$R×1$ 挡电流太大，$Ω×10k$ 挡电压太大，这样都会损坏二极管。

（4）由于二极管是半导体器件，所以用不同的 R 挡其测量电阻也不同。

（5）好坏判别标准：二极管的正向电阻小，反向电阻大，阻值相同或相近都视为坏管。

（6）二极管是非线性元件，用万用表 $R\times1$ 挡或 $R\times10$ 挡在印制电路板上测量其正反向电阻，仍能观察出它的单向导电性，也减少了与之并联的其他元件的影响。测量其正向电阻指针常向右偏且超过中点刻度，测量其反向电阻时指针指向接近无穷大。若正反电阻相差不大，则应拆下再测量。

4．其他二极管的检测方法

（1）稳压二极管的性能检测的方法：稳压管是利用其反向击穿时两端电压基本不变的特性来工作，所以稳压管是反接在电路中的，其特性好坏的判断与二极管的判断方法一样。

（2）发光二极管性能检测的方法。

1）普通发光二极管。用万用表的 $R\times1$ 挡测量发光二极管正向电阻时，发光二极管会被点亮，利用这一特性既可以判断发光二极管的好坏，也可以判断其极性。若不能点亮，则只能用 $R\times10k$ 挡测其正反向阻值，方法与普通二极管的测量方法一样。

2）激光二极管。激光二极管是激光影音设备中不可缺少的重要元件，它是由铝砷化镓材料制成的半导体，简称为 LD。为了方便控制激光功率，其内部还设置一只感光二极管 PD。LD 的正向电阻较 PD 大，测量方法与普通二极管的测法一样。利用这一特性可以很容易地识别其三只引脚（注意做好防静电措施）。

3）光电二极管。光电二极管又称为光敏二极管，当光照射到光电二极管时其反向电流大大增加，使其反向电阻减小。在测量光电二极管好坏时，首先要用万用表 $R\times1k$ 挡判断出正负极，然后再测其反向电阻。无光照射时，阻值一般都大于 $200k\Omega$；受光照时，其阻值会大大减少；若变化不大，则说明被测管已损坏或不是光电二极管。

该方法也可用于检测红外线接收管的好坏，照射光改用遥控器的红外线，当按下遥控键时，红外线接收管反向电阻会变小，且指针在不停地振动，则说明该管是好的。

【任务测试三】

（1）以下几种二极管分别是什么二极管？它们分别有什么作用？

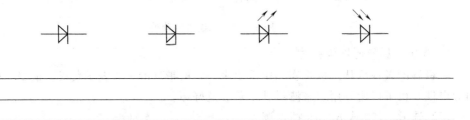

_____

_____

_____

（2）二极管测量的作业与练习（表 1–12）。

说明

前 1、2、3 项用机械式万用表测量，第 4 项可通过前三项的结果来判断；第 5 项用数字万用表的二极管挡来测量，再通过第 5 项的结果来填写第 6 项。

表 1 - 12　　　　　　　　二 极 管 测 量 练 习

二极管				
(1) 符号与极性				
(2) 正向电阻				
(3) 反向电阻				
(4) 判别好坏				
(5) 正向电压				
(6) 硅/锗 （Si/Ge）				

注：硅 （Si） 管的正向电压为 0.15～0.3V；锗 （Ge） 管的正向电压为 0.4～0.8V。

（3） 二极管的好坏判别与此元件是否在电路板上测量的结果有没有区别？为什么？

_____

_____

_____

五、半导体晶体管的识别与检测

半导体晶体管属于电流控制型器件，它是具有两个 PN 结的半导体器件，具有体积小、质量小、寿命长等优点，是电子电路中的重要器件。

1. 作用

具有三个或四个电极的元器件，对信号有放大和开关的作用，在电路中还可以当有源负载等。

2. 分类和符号

（1） 按材料分：硅管和锗管，其中锗管的电阻比硅管的导电阻小。

（2） 按制作工艺分：NPN 型和 PNP 型，两种管型的电流方向刚好相反，晶体管的文字符号用 VT 表示，电路符号如图 1 - 13 所示。

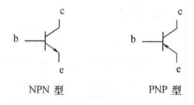

图 1 - 13　晶体管的种类

（3） 按功率分：小功率管、中功率管和大功率管。

（4） 按频率分：低频管和高频管。

（5） 其他不同的晶体管：行输出管、带阻尼晶体管、复合管等。

3. 普通晶体管的管型和电极的判别和性能检测

（1）用万用表判断晶体管的管型和电极。

1）首先找出基极（b极）。使用万用表 $R \times 100$ 或 $R \times 1k$ 挡随意测量晶体管的两极，直到指针摆动较大为止。然后固定黑（红）表笔，把红（黑）表笔移至另一引脚上，若指针同样摆动，则说明被测管为 NPN（PNP）型，且黑（红）所接触的引脚为 b 极。

2）c极和e极的判别。根据以上的测量已确定b极，且为 NPN（PNP）型，再使用万用表 $R \times 1k$ 挡进行测量。假设一极为c极、接黑（红）表笔，另一极为e极、接红（黑）表笔，用手指捏住假设的c极与b极（注意c极与b极不能相碰），读出其阻值 R_1，然后再假设另一极为c极，并重复上述步骤（注意捏住c极与b极的力度两次相同），读出阻值 R_2。比较 R_1、R_2 的大小，以小的一极其假设正确，黑（红）表笔对c极。

3）判断晶体管好坏时必须先检测出 b、c、e 极，若用晶体管极性判别方法都判别不出 b、c、e 极，则说明该管有可能已损坏。

（2）晶体管的电流放大倍数的测量。使用数字万用表的 h_{FE} 挡，根据以上所测，把晶体管按管型和管脚的位置，把晶体管插入相应的插孔，数字万用表上将显示出该晶体管的电流放大倍数。

（3）晶体管的性能检测。测量 ce 极的漏电电阻。对于 NPN（PNP）型三极管，黑（红）表笔接c极，红（黑）表笔接e极，b极悬空。测得 R_{ce} 阻值越大越好。一般对锗管的要求较低，在低压电路上大于 $50k\Omega$ 即可使用，但对于硅管来说要大于 $500k\Omega$ 才可使用。通常测量硅管 R_{ce} 阻值时万用表指针都指向无穷大。

（4）判断c极时，观察万用表指针在捏住c、b极前后的变化，即可知道该管有没有放大能力。指针变化不大，说明该管 β 值较大，若指针变化较大，则说明该管 β 值较小。一般晶体管 β 值在 50～150 为最佳。

（5）对于晶体管除了测量 be、bc 二极管的好坏外，还要测量 R_{ce} 阻值。在印制电路板上测量 R_{ce} 阻值一般都较大，若发现在几百欧姆以下，则应拆下再测量。用这个方法在印制电路板上测量二极管、晶体管是否被击穿是很容易的，但二极管、晶体管漏电却较难在印制电路板上判断出来。

【任务测试四】

（1）什么是晶体管？它具有什么作用？

_____

_____

_____

_____

（2）以下两种晶体管分别是什么类型的晶体管？它们有什么区别？

_____

_____

_____

_____

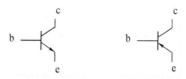

（3）晶体管的测量练习（表 1 - 13）。

表 1 - 13   晶 体 管 测 量 练 习

晶体管				
管型				
符号与管脚				
β 值				
判别好坏				

（4）晶体管的好坏判别与此元件是否在印制电路板上测量的结果有没有区别？为什么？

_____

_____

_____

_____

【任务评估】

班级			姓名			学号		
评价项目	自我评价			小组评价			教师评价		
	8～10	6～7	1～5	8～10	6～7	1～5	8～10	6～7	1～5
学生纪律与积极性									
资料收集									
电阻检测情况									
电容检测情况									
二极管检测情况									
晶体管检测情况									
安全操作规程执行									
协作精神及时间观念									
整体任务完成情况									

项目二
直插式元器件的焊接与拆焊技术

在电子产品整机或单元电路装配过程中,焊接是连接各电子元器件及导线的主要手段。而锡焊又是焊接的常用方法,它操作简便,是使用最早、适用范围最广、当前仍占较大比重的一种焊接方法。因此,锡焊是电子产品生产中必须掌握的一种基本操作技能。本项目主要讲授手工锡焊的工具、材料、方法与技巧。

【知识目标】

(1)熟悉电子手工焊接需准备的工具和材料。

(2)熟悉常用电子元器件的装配及焊接工艺。

(3)能分析循环彩灯电路原理,并懂得其制作与维修的方法。

【技能目标】

(1)培养学生对电子技术的兴趣。

(2)会选择合适的手工焊接工具及材料。

(3)能懂得常用元器件引脚加工成形及在印制电路板上布置的方法。

(4)能熟练插装电路元器件。

(5)能熟练掌握电路的焊接及拆焊方法。

(6)能自行设计和焊接多路循环彩灯电路。

(7)能懂得循环彩灯电路基本维修方法。

任务一 手工焊接技能

【任务目标】

(1)学会选择合适的电烙铁、焊料及焊接辅助材料。

(2)熟悉电烙铁、焊料、焊剂和焊接辅助材料的使用方法。

【任务要求】

本次任务主要让学生认识手工焊接的工具及相关辅助材料,并掌握手工焊接方法,为制作电路打好基础。

一、焊接工具

电烙铁是最常用的焊接工具，它的作用是将热量传到焊接部分，以便只熔化焊料而不熔化元件，使焊料和被焊金属连接起来。

1. 电烙铁的种类

常见的电烙铁有直热式、感应式、恒温式、吸锡式等，而直热式电烙铁又分为内热式和外热式（如图2-1所示）。由于内热式电烙铁具有体积小、重量轻、升温快和热效率高等优点，在电子装备和维修中常使用。常用内热式电烙铁规格有20W、30W、50W。

内热式电烙铁　　　　　　　外热式电烙铁

图2-1　直热式电烙铁

感应式电烙铁俗称焊枪，它的烙铁头可以迅速达到焊接所需温度，如图2-2所示。恒温电烙铁内部采用居里温度很高的条状的PTC恒温发热元件，配设紧固导热结构，如图2-3所示。

图2-2　感应式电烙铁　　　　　　　　图2-3　恒温电烙铁

吸锡器主要用于拆焊，分为手动和电动两种，常见的吸锡器主要有吸锡球、手动吸锡器、热风型吸锡器、防静电吸锡器、电动吸锡枪以及双用吸锡电烙铁等，如图2-4所示。

手动吸锡器　　　　　电动真空吸锡枪　　　　　热风型吸锡器

图2-4　吸锡器

2. 电烙铁的使用及保养

(1) 电烙铁使用前的处理步骤。

1) 新烙铁使用前，应用细砂纸或锉刀将烙铁头打光亮，将其氧化层除去，露出平整光滑的铜表面。

2) 通电烧热，将打磨好的烙铁头紧压在松香上，随着烙铁头的加温，松香逐渐熔化，使烙铁头被打磨好的部分完全浸在松香中。

3) 待松香出烟量较大时，取出烙铁头，用烙铁头刃面接触焊锡丝，使烙铁头上均匀地镀上一层锡。

4) 检查烙铁头的使用部分是否全部镀上焊锡，如有未镀的地方，应重新涂松香、镀锡，直至镀好。

通过以上步骤可以方便焊接并防止烙铁头表面氧化。

(2) 电烙铁使用时的注意事项。

1) 烙铁头应经常清理，保持其表面清洁。

2) 电烙铁插头最好使用三相插头。要使外壳妥善接地。

3) 使用前，应认真检查电源插头、电源线有无损坏，并检查烙铁头是否松动。

4) 电烙铁使用中，不能用力敲击，防止跌落。烙铁头上焊锡过多时，可用布擦掉，不可乱甩，以防烫伤他人。

5) 焊接过程中，烙铁不能到处乱放。不焊接时，应放在特制的烙铁架上，以免烫坏其他物品而造成安全隐患。另外，注意电源线不可搭在烙铁头上，以防烫坏绝缘层而发生事故。

6) 使用结束后，应及时切断电源，拔下电源插头。冷却后，再将电烙铁收回工具箱。

(3) 电烙铁的故障检测。

电烙铁的故障一般有短路和开路两种。

1) 短路。短路的地方一般在手柄中或插头的接线处，此时用万用表电阻挡检查电源线插头之间的电阻，若存在短路，则会发现阻值趋于零。

2) 开路。在电源供电正常的情况下，发现电烙铁不热，则电烙铁的工作回路中存在开路现象。此时，应断开电源，用万用表 $R \times 100$ 挡测烙铁心两个接线柱间的电阻，若电阻值在 $2k\Omega$ 左右，说明烙铁心没有问题，一定是电源线或接头脱焊，此时应更换电源线或重新连接；如果测出烙铁心的电阻值无穷大，则说明烙铁心损坏，需更换烙铁心。

二、焊料及焊接辅助材料

在焊接过程中除了需要焊接工具，还需要焊料、助焊剂及其他辅助材料。

1. 焊料

焊料是一种熔点低于被焊金属，在被焊金属不熔化的条件下能润湿被焊金属表面，并在接触面处形成合金层的物质。电子产品生产中，最常用的焊料称为锡铅合金焊料（又称焊锡），它具有熔点低、机械强度高、抗腐蚀性能好的特点，使用极为方便。焊锡如图 2-5 所示。

图 2-5 焊锡

2. 助焊剂

助焊剂是进行锡铅焊接的辅助材料。常用的助焊剂有无机焊剂、有机助焊剂、松香类焊剂（电子产品的焊接中常用）。

助焊剂的作用：去除被焊金属表面的氧化物，防止焊接时被焊金属和焊料再次出现氧化，并降低焊料表面的张力，有助于焊接。

3. 清洗剂

在完成焊接操作后，要对焊点进行清洗，避免焊点周围的杂质腐蚀焊点。

常用的清洗剂有无水乙醇（无水酒精）、航空洗涤汽油、三氯三氟乙烷等。

4. 阻焊剂

阻焊剂是一种耐高温的涂料，其作用是保护印制电路板上不需要焊接的部位。

阻焊剂有热固化型阻焊剂、紫外线光固化型阻焊剂（光敏阻焊剂）、电子辐射固化型阻焊剂等种类。

三、手工焊接方法

手工焊接适用于产品试制、电子产品的小批量生产、电子产品的调试与维修以及某些不适合自动焊接的场合，是在电子焊接技术学习中常用的焊接方法，本次任务中将重点讲授。

1. 手工焊接的要点

（1）保证正确的焊接姿势。

（2）熟练掌握焊接的基本操作步骤。

（3）掌握手工焊接的基本要领。

2. 焊接准备工作

（1）选择合适的电烙铁，并对电烙铁进行合理的处理。

（2）观察焊接引线或印制电路板板面是否存在氧化物或污垢，若有，则需要对其进行清洁和镀锡，具体方法如下。

1）可用小刀刮去金属引线表面的氧化层，使其引脚露出金属光泽。

2）印制电路板可用细砂纸将铜箔打光后，涂上一层松香酒精溶液。

（3）掌握正确的焊接姿势：一般采用坐姿焊接，工作台和座椅的高度要合适。

（4）焊接操作者握拿电烙铁的方法（如图 2-6 所示）。

反握法　　　　　正握法　　　　　笔握法

图 2-6　电烙铁的握拿方法

反握法：适用于较大功率的电烙铁（＞75W）对大焊点的焊接操作。

正握法：适用于中功率的电烙铁及带弯头的电烙铁的操作，或直烙铁头在大型机架上的焊接。

笔握法：适用于小功率的电烙铁焊接印制电路板上的元器件。

焊锡丝的握拿方法如图 2-7 所示。

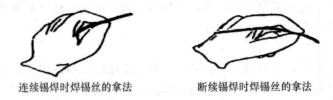

连续锡焊时焊锡丝的拿法　　　断续锡焊时焊锡丝的拿法

图 2-7　焊锡丝的握拿方法

3. 焊接操作的基本步骤

对于焊接技术人来说，五步法是最常用的焊接步骤，如图 2-8 所示。

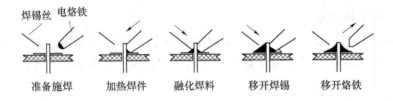

准备施焊　　加热焊件　　融化焊料　　移开焊锡　　移开烙铁

图 2-8　五步焊接法

4. 焊接质量及缺陷分析

（1）焊接时，要保证每个焊点焊接牢固、接触良好，具体如图 2-9 所示。

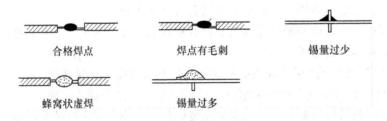

合格焊点　　　　　焊点有毛刺　　　　　锡量过少

蜂窝状虚焊　　　　　锡量过多

图 2-9　焊点合格判断

合格焊点应该是锡点光亮、圆滑而无毛刺，锡量适中。锡和被焊物融合牢固。不应有虚焊和假焊等现象。

虚焊是指焊点处只有少量锡焊住，造成接触不良，时通时断。而假焊是指表面上好像焊住了，但实际上并没有焊上，有时用手一拔，引线就可以从焊点中拔出。这两种情况将给电子制作的调试和检修带来极大的困难。只有经过大量、认真的焊接实践，才能避免这两种情况。另外，焊接电路板时，一定要控制好时间。焊接时间过长，印制电路板将被烧焦，或造成铜箔脱落。

（2）焊点质量的好坏直接影响电子产品的质量。常见焊点缺陷及原因如表 2-1 所示。

表 2 - 1　　　　　　　　　　　　　　　常见焊点缺陷及原因

缺陷	外观	危害	原因分析
焊料过多	焊料面呈凸形	浪费焊料，且可能包藏缺陷	焊丝撤离过迟
过热	焊点发白，无金属光泽，表面较粗糙	1）焊盘容易剥落，强度降低 2）造成元器件失效损坏	烙铁功率过大，加热时间过长
冷焊	表面呈豆腐渣状颗粒，有时可有裂纹	强度低，导电性不好	焊料未凝固时焊件抖动
虚焊	焊料与焊件交界面接触角过大，不平滑	强度低，不通或时通时断	1）焊件清理不干净 2）助焊剂不足或质量差 3）焊件未充分加热
搭桥	相邻导线搭接	电气短路	1）焊锡过多 2）烙铁施焊撤离方向不当
针孔	目测或放大镜可见有孔	焊点容易腐蚀	焊盘孔与引线间隙太大

（3）合格焊点的检查方法。

高质量的焊点应具备以下几方面的技术要求。

1）具有一定的机械强度。为保证被焊件在受到振动或冲击时不出现松动，要求焊点有足够的机械强度。但不能使用过多的焊锡，避免焊锡堆积出现短路和桥接现象。

2）保证其良好、可靠的电气性能。由于电流要流经焊点，为保证焊点有良好的导电性，必须要防止虚焊、假焊。出现虚焊、假焊时，焊锡与被焊物表面没有形成合金，只是依附在被焊物金属表面，导致焊点的接触电阻增大，影响整机的电气性能，有时电路会出现时断时通的现象。

3）具有一定的大小、光泽和清洁美观的表面。焊点的外观应美观光滑、圆润、清洁、整齐、均匀，焊锡充满整个焊盘并与焊盘大小比例适中。

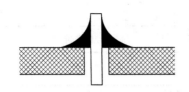

图 2-10 合格焊点

综上所述，一个合格焊点从外观上看，必须达到以下要求。

1）形状以焊点的中心为界，左右对称，呈半弓形凹面。

2）焊料量均匀适当，表面光亮平滑，无毛刺和针孔。

3）焊角小于 $30°$。

合格焊点形状如图 2-10 所示。

焊接完成后应对焊接质量进行外观检验，其标准和方法如表 2-2 所示。

表 2-2 合格焊点的外观质量标准与检查方法

标准	1）焊点表面明亮、平滑、有光泽，对称于引线，无针眼、无砂眼、无气孔 2）焊锡充满整个焊盘，形成对称的焊角 3）焊接外形应以焊件为中心，均匀、成裙状拉开 4）焊点干净，见不到焊剂的残渣，在焊点表面应有薄薄的一层焊剂 5）焊点上没有拉尖、裂纹	
方法	目测法	用眼睛观看焊点的外观质量及电路板整体的情况是否符合外观检验标准，即检查各焊点是否有漏焊、连焊、桥接、焊料飞溅以及导线或元器件绝缘的损伤等焊接缺陷
	手触法	用手触摸元器件（不是用手去触摸焊点），对可疑焊点也可以用镊子轻轻牵拉引线，观察焊点有无异常。这对发现虚焊和假焊特别有效，可以检查有无导线断线、焊盘脱落等缺点

【知识链接】

1. 其他焊接方法

焊接并不是通过熔化的焊料将元器件的引脚与焊盘进行简单的粘合，而是焊料中的锡与铜发生了化学反应，产生了新的介质化合物。放大 1000 倍的焊点剖面，人们可以清楚地看到在焊盘与焊料之间确实形成了新的物质，经过研究证明，这种新物质由 Cu_3Sn 和 Cu_5Sn_6 组成。现代焊接方法除了手工锡焊外，还有以下焊接方法。

（1）浸焊。浸焊是将插装好元器件的印制电路板在熔化的锡槽内浸锡，一次完成印制电路板众多焊接点的焊接方法。浸焊有以下两种形式。

1）手工浸焊。手工浸焊是由操作人员手持夹具将需焊接的已插装好元器件的印制电路板浸入锡槽内来完成的。

2）自动浸焊。自动浸焊是将插装好元器件的印制电路板用专用夹具安置在传送带上。印制电路板先经过泡沫助焊剂槽被喷上助焊剂，加热器将助焊剂烘干，然后经过熔化的锡槽进行浸焊，待锡冷却凝固后再送入切头机剪去过长的引脚。

（2）波峰焊。波峰焊是目前应用最为广泛的自动化焊接工艺。与自动浸焊相比，其最大的特点是锡焊槽内的锡不是静止的，熔化的焊锡在机械泵的作用下由喷嘴源源不断流出而形成波峰。波峰即顶部的锡没有丝毫氧化物和污染物，在传动机构移动过程中，印制电路板分段、局部与波峰接触焊接，避免了浸焊工艺存在的缺点，可以使焊接质量得到保证。

波峰焊的焊接工艺非常适宜成批、大量地焊接一面装有分立元器件和集成电路的印制电路板。

2. 烙铁头的种类

为适应不同焊接面的需要，通常烙铁头也有不同的形状，有凿形、锥形、圆面形、圆尖锥形等，如图 2-11 所示。

图 2-11　各种形状的烙铁头

3. 辅助工具

在电子产品制造过程中需要用到钳子、螺钉旋具、镊子等工具，它们的外形与用途如表 2-3 所示。

表 2-3　　　　　　　　　　　各种辅助工具

名称	外形	用途
尖嘴钳		主要用来剪切线径较细的单股与多股线，以及给单股导线接头弯圈、剥塑料绝缘层等
偏口钳		主要用于剪切导线及元器件多余的引线
平嘴钳		适用于螺母紧固的装配操作，不允许当作敲击工具使用
剥线钳		适宜用于塑料、橡胶绝缘电线、电缆芯线的剥皮，使用时注意将剥皮放入合适的槽口，剥皮时不能剪断导线
镊子		用于夹持导线，便于装配焊接
螺钉旋具		在电子产品安装过程中用来拧螺钉

31

（1）根据生活中所见，你知道什么是焊接吗？有哪些焊接方式？

_____

_____

_____

（2）以下几种电烙铁是什么类型？在手工焊接中常用什么类型的电烙铁？

_____

_____

_____

（3）电烙铁使用前后，应该怎样保养和维护？试对你工位上的电烙铁进行保养和维护。

_____

_____

_____

_____

（4）手工焊接时，要用到哪些焊料和焊剂？

_____

_____

_____

（5）以下几种电烙铁的握法分别叫什么？请选择它们适用的场合。

      (a)   (b)   (c)

1）（a）图是_____法，（b）图是_____法，（c）图是_____法。

2）适用于较大功率的电烙铁（＞75W）对大焊点的焊接操作的是_____；适用于中功率的电烙铁及带弯头的电烙铁的操作的是_____；适用于小功率的电烙铁焊接印制板上的元器件的操作是_____。

（6）焊接前的准备工作有哪些？

_____

_____

（7）手工焊接的基本操作步骤可以分为几步？具体操作应怎样进行？请练习操作方法。

_____

_____

_____

（8）什么样的焊点才是合格的？

_____

_____

_____

（9）以下焊点是否合格？若不合格，会给电路带来什么影响？

焊点	是否合格	对电路的危害
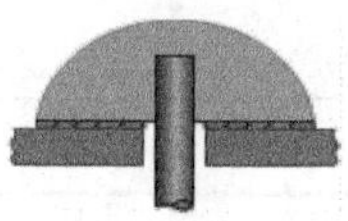		
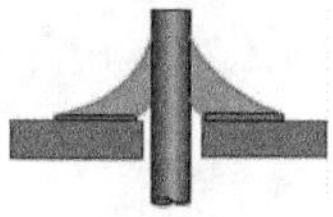		
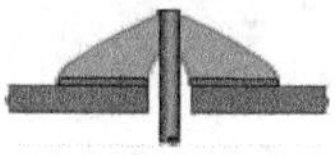		
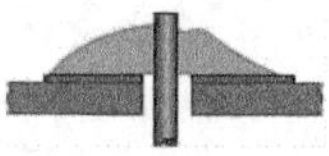		
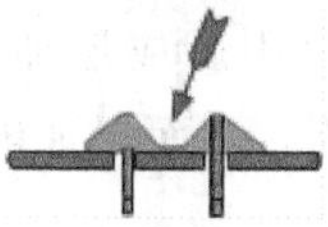		
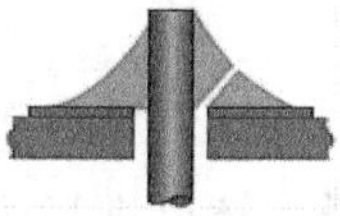		

【任务评估】

班级				姓名			学号		
评价项目	自我评价			小组评价			教师评价		
	8～10	6～7	1～5	8～10	6～7	1～5	8～10	6～7	1～5
学生纪律 与积极性									
资料收集									
电烙铁的 正确使用									
电烙铁的维护									
焊接准备工作									
焊点焊接合格度									
安全操作规程 执行									
协作精神及 时间观念									
整体任务 完成情况									
总评									

任务二　元器件引脚成形加工

【任务目标】

（1）学会对常用元器件引脚按工艺要求进行加工。

（2）掌握常用元器件的引线成形加工方法。

【任务要求】

本次任务主要让学生加强对常用元器件的认识，熟练掌握元器件引脚成形加工方法。成形后的元器件既便于装配，又有利于提高装配元器件后的防振性能，从而保证电子设备的可靠性。

【任务实施】

在电子产品开始装配、焊接以前，除了要事先做好静电防护以外，还要进行两项准备工作：一是要检查元器件引线的可焊性，若可焊性不好，就必须进行镀锡处理；二是要熟悉工艺文件，根据工艺文件对元器件进行分类，按照印制电路板上的安装形式，对元器件的引脚进行整形，使之符合在印制电路板上的安装孔位。如果没有完成这两项准备工作就匆忙开始装焊，很可能造成虚焊或安装错误，得不偿失。本次任务主要对直插元器件引脚进行手工成形。

一、元器件引线成形的基本要求

（1）所有元器件引线时，均不得从引脚根部弯曲，一般应留 2mm 以上。因为制造工艺上的原因，根部容易折断。

（2）手工组装的元器件可以弯成直角，但机器组装的元器件弯曲一般不要成死角，圆弧半径应大于引脚直径的 1～2 倍。

（3）引线成形过程中，元器件本体不应产生破裂，表面封装不应损坏或开裂。

（4）凡是有标记的元器件，引线成形后，其型号、规格、标志符号应向上、向外，方向一致，以便于目视识别。

二、轴向引线型元器件的引线成形加工

轴向引线型元器件有电阻、电感、二极管等，它们的安装方式有两种，一种是水平安装，另一种是立式安装。具体采用何种安装方式，可根据印制电路板的空间和安装位置大小来选择。

1. 水平安装引线加工方法

（1）利用镊子或尖嘴钳将元器件引脚拉直。

（2）用镊子或尖嘴钳在离元器件主体封装点 2～3mm 处夹住其某一引脚，并适当用力将该引脚弯成一定的弧度，如图 2-12 所示。

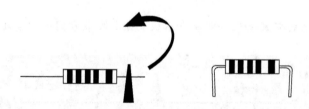

图 2-12　水平元器件引脚成形示意图

（3）采用以上同样的方法对该元器件另一引脚进行加工成形。

注意

1）两引线的尺寸要根据印制电路板上具体的安装孔距来确定，且一般两引线的尺寸要一致。

2）弯折引脚时不要采用直角弯折，且用力要均匀，尤其要防止玻璃封装的二极管壳体破裂，从而造成管子报废。

2. 立式安装引线加工方法

（1）首先利用镊子或尖嘴钳将元器件引脚拉直。

（2）采用合适的螺钉旋具或镊子在元器件的某引脚（一般选在元器件有标记端）离元

器件封主体 3~4mm 处将该引脚弯成半圆形状，如图 2-13 所示。

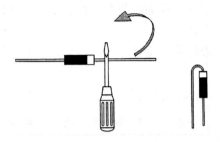

图 2-13　立式元器件引线成形示意图

（3）采用以上同样的方法对该元器件另一引脚进行加工成形。

注意

实际引线的尺寸要根据印制电路板上的安装位置及孔距来确定。

三、径向引线型元器件的引线成形加工

常见的径向引线型元器件有各种电容、发光二极管、光敏二极管以及晶体管等。

1. 电解电容引线的成形加工方法

电解电容插装方式分为立式安装和卧式安装两种。

（1）立式电容加工方法。

1）首先用镊子或尖嘴钳将元器件引脚拉直。

2）将电容的引脚沿电容主体（距离 4~5mm 处）向外弯成直角，具体如图 2-14 所示。

3）采用以上同样的方法对该元器件另一引脚进行加工成形。

注意

在印制电路板上的安装要根据印制电路板孔距和安装空间的需要确定成形尺寸。

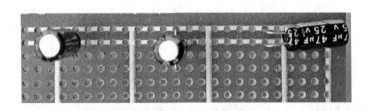

图 2-14　电解电容立式插装

（2）卧式电容加工方法。

1）首先用镊子或尖嘴钳将元器件引脚拉直。

2）用镊子分别将电解电容的两个引脚在离开电容主体 3~5mm 处弯成直角，具体如图 2-15 所示。

3）采用以上同样的方法对该元器件另一引脚进行加工成形。

注意

在印制电路板上的安装要根据印制电路板孔距和安装空间的需要确定成形尺寸。

2. 瓷片电容和涤纶电容的引线成形加工方法

瓷片电容和涤纶电容的引线成形的加工方法与电解电容引线
成形方法有些类似，可以采取以下两种方式对其引线进行加工。

（1）待元器件引脚拉直后，用镊子将电容引脚向外整形，
并与电容主体成一定角度。

（2）待元器件引脚拉直后，用镊子将电容的引脚离电容主
体 1～3mm 处向外弯成直角，再在离直角 1～3mm 处弯成
直角。

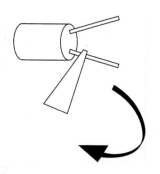

无论是哪一种方式的引线成形加工，在印制电路板上安装
时，均需视印制电路板孔距大小确定引线尺寸。

图 2-15　电解电容引线成形

3. 晶体管的引线成形加工方法

小功率晶体管在印制电路板上一般采用直插的方式安装，
如图 2-16 所示，采用直插安装时，晶体管的引线成形只需按以下步骤进行。

（1）加工时，首先用镊子将晶体管引脚拉直。

（2）将 3 个电极引线分别弯成一定角度。

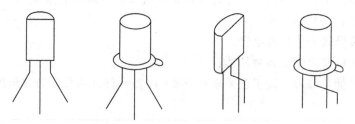

图 2-16　小功率晶体管的直插安装

有时也可以根据需要将中间引线向前或向后弯曲成一定角度，具体情况视印制电路板
上的安装孔距来确定引线的尺寸。

在某些情况下，若晶体管需要按图 2-17 所示进行安装，则必须对引脚进行弯折。具
体操作步骤如下。

（1）加工时，首先用镊子将晶体管引脚拉直。

（2）用钳子夹住晶体管引脚的根部，然后再适当用力弯折，如图 2-18（a）所示，
而不应如图 2-18（b）那样直接将引脚从根部弯折。

（3）采用以上同样的方法对该元器件另一引脚进行加工成形。

注意

以上弯折时，可以用螺钉旋具将晶体管引线弯成一定圆弧状。

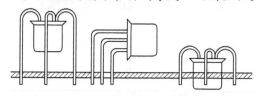

图 2-17　晶体管的倒装与横装

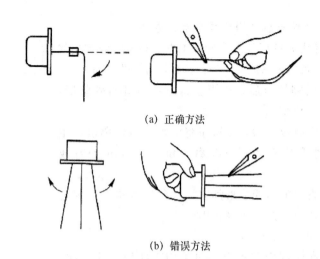

(a) 正确方法

(b) 错误方法

图 2-18　晶体管引脚成形方法

四、技能实训

（1）利用辅助工具（如镊子、螺钉旋具等）在印制电路板上水平和立式安装 20 个以上电阻或二极管，并总结经验。

（2）立式和卧式安装各种电容。

（3）按照教师要求安装各种晶体管。

（4）元器件插装练习：按工艺要求对图 2-19 所示的元器件进行成形加工，并按要求进行插装。

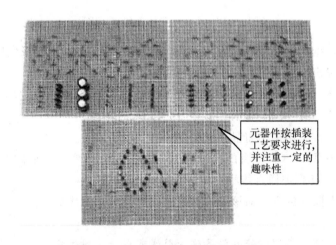

元器件按插装工艺要求进行，并注重一定的趣味性

图 2-19　元器件引线成形、插装训练样图

【知识链接】

在设计和制作电路时，有时不能把某根线路连贯，就要借助一根或几根导线，将两根线路进行连接，使之成为通路，这种连接导线就是连接线。而在连接电路之前，必须对该

连接线进行成形处理，才能确保连接方便及无误，具体操作如下：

（1）先取一根长度合适的连接线，左手拿住连接线的一端，将其插入印制电路板的某焊孔中，任意连接线插入印制电路板的长度由左手控制。

（2）用左手食指将连接线（向自己身体的内侧方向）压折弯45°，注意压折处要紧贴印制电路板。

（3）用镊子将连接在其与两焊孔间距相仿的位置折90°，弯折处在自己身体的内侧方向。

（4）右手用镊子捏住连接线，将其插入焊孔中。

（5）用右手食指和镊子同时将连接线压入焊孔中，再用镊子根部的平面将连接线压平，使连接线紧贴电路板。

通过以上处理，就可进行连接线的焊接了。

【任务测试】

（1）先观察一下你旁边已制作好的产品底板（如电视机电路板、DVD电路板），总结底板上的元器件引脚有哪些成形方法。

_____

_____

_____

（2）观察下面元器件的安装分别是用的什么方法，安装是否正确。

_____

_____

_____

（3）水平和立式安装电阻或二极管时，两引脚间的距离一般为多少？

_____

_____

（4）请简单说明立式和卧式安装电容的方法，并加强实操练习。

_____

_____

_____

（5）以下晶体管安装是否正确？这些安装会不会损坏元器件？

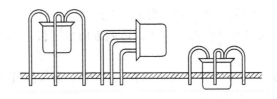

_____

_____

_____

【任务评估】

班级				姓名			学号		
评价项目	自我评价			小组评价			教师评价		
	8～10	6～7	1～5	8～10	6～7	1～5	8～10	6～7	1～5
学生纪律与积极性									
资料收集									
电阻引脚成形情况									
电容引脚成形情况									
二极管引脚成形情况									
晶体管引脚成形情况									
安全操作规程执行									
协作精神及时间观念									
整体任务完成情况									
总评									

任务三　印制电路板元器件的插装与焊接

【任务目标】

（1）熟练常用元器件的引脚成形加工方法。

（2）掌握常用元器件的插装、焊接方法。

【任务要求】

本次任务主要让学生熟练掌握元器件引脚成形加工方法，并熟悉在印制电路板上插装、焊接元器件的技巧，为后面电子电路的设计和制作打好基础。

【任务实施】

插装就是把各种元器件根据印制电路板的装配要求插到印制电路板指定的位置（指定的焊孔）中，而最高的插装技能要求就是稳、准、快、好。

一、插装技能的基本动作要领

（1）取元器件。用单手或双手同时从元件盒中取出元器件，不能拿错或拿后丢弃。

（2）插元器件。将元器件迅速、准确地插入指定的焊孔中，并应根据元器件的成形特点，确定其插入的高度。连接线盒卧式安装的电阻应紧贴印制电路板，发热元器件应与印制电路板有一定的距离，使元器件更好地散热，从而延长其使用寿命。

二、常用元器件的插装

1. 电阻器插装

电阻器的插装方式一般有卧式和立式两种。

电阻器卧式插装焊接时应贴紧印制电路板，并注意电阻的阻值色环向外，同规格电阻色环方向应排列一致；而直标法的电阻器标志应向上。电阻器立式插装焊接时，应使电阻离开多孔电路板 1～2mm，并注意电阻的阻值色环向上，同规格电阻色环方向应排列一致，如图 2-20（a）所示。

2. 二极管的插装

二极管的插装方式也可分为卧式和立式两种。

二极管卧式插装焊接时，应使二极管离开电路板 1～3mm。注意二极管正负极性位置不能搞错，同规格的二极管标记方向应一致。

二极管立式插装焊接时，应使二极管离开印制电路板 2～4mm。注意二极管正负极性不能搞错，有标识二极管其标记一般向上，如图 2-20（a）所示。

3. 稳压二极管、发光二极管的插装

稳压二极管的插装方式也分为卧式和立式两种，其插装焊接要求与二极管相类似。另外，发光二极管一般采用立式安装，如图 2-20（b）所示。

4. 电容的插装

电容的插装方式也可分为卧式和立式两种。一般立式插装的电容大都为瓷片电容、涤

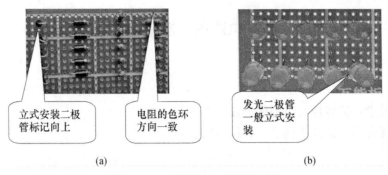

图 2-20 电阻器、二极管的插装

纶电容及较小容量的电解电容；对于较大体积的电解电容或径向引脚的电容（如胆电容），一般为卧式插装。

插装焊接瓷片电容时，应使电容离开印制电路板 4～6mm，并且标记面向外，同规格电容排列整齐高低一致。

插装电解电容时，应注意电容离开印制电路板 1～2mm，并注意电解电容的极性不能搞错，同规格电容排列整齐高低一致，如图 2-21（a）所示。

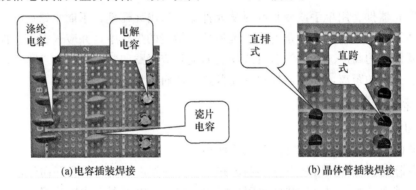

图 2-21 电容、晶体管插装焊接图

5. 晶体管插装焊接

晶体管的插装分为直排式和直跨式。直排式为 3 引脚并排插入 3 个孔中，而跨排式为 3 引脚成一定角度插入印制电路板中。晶体管插装焊接时应使晶体管（并排、跨排）离开印制电路板 4～6mm，并注意晶体管的 3 个电极不能插错，同规格晶体管应排列整齐高低一致，如图 2-21（b）所示。

三、简易电路的插装与焊接

1. 发光二极管电平指示电路

按图 2-22（a）所示电路原理图，在单孔印制电路板上进行元器件的插装、焊接，并在焊接面用导线连接电路，直到接通电源、电路正常工作为止，具体可参考图 2-22（b）所示电路插装焊接图。

2. 声控闪光灯电路

按图 2-23（a）所示电路原理图，在多用单孔印制电路板上进行元器件的插装、焊

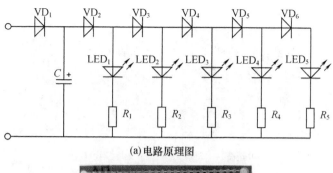

(a)电路原理图

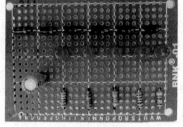

(b)插装焊接图

图 2-22　发光二极管电平指示电路

接，并在焊接面用导线连接电路，直到接通电源、电路正常工作为止，具体可参考图
2-23（b）所示电路插装焊接图。电位器采用立式安装并紧贴印制电路板，驻极体话筒采
用卧式安装。

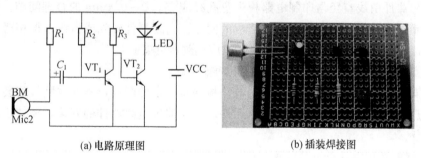

(a)电路原理图　　　　　　　　(b)插装焊接图

图 2-23　声控闪光灯电路

【知识链接】

1. 印制电路板

（1）印制电路板种类。印制电路板的种类较多，一般按结构可分为单面印制电路板、
双面印制电路板、多层印制电路板和软性印制电路板 4 种。

（2）印制电路板的技术术语。图 2-24 为实验实训中使用的多用单孔印制电路板。

焊盘：印制电路板上的焊接点。

焊盘孔：印制电路板上安装元器件插孔的焊接点。

冲切孔：印制电路板上除焊盘孔外的洞和孔。它可以安装零部件、紧固件、橡塑件及
导线穿孔等。

(a)正面   (b)反面

图 2-24　单孔印制电路板

反面：单面印制电路板中铜箔板的一面。

正面：单面印制电路板中安装元器件、零部件的一面。

2. 印制电路板元器件插装工艺要求

（1）元器件在印制电路板上的分布应尽量均匀，疏密一致，排列整齐美观，不允许斜排、立体交叉和重叠排列。

（2）安装顺序一般为先低后高，先轻后重，先易后难，先一般元器件后特殊元器件。

（3）有安装高度的元器件要符合规定要求，统一规格的元器件尽量安装在同一高度上。

（4）有极性的元器件，安装前可以套上相应的套管，安装时极性不得有差错。

（5）元器件引线直径与印制电路板焊盘孔径应有 0.2～0.4mm 的合理间隙。

（6）元器件一般应布置在印制电路板的同一面，元器件外壳或引线不得相碰，要保证 0.5～1mm 的安全间隙。无法避免接触时，应套绝缘套管。

（7）安装较大元器件时，应采取紧固措施。

（8）安装发热元器件时，要与印制电路板保持一定的距离，不允许贴板安装。

（9）热敏元器件的安装要远离发热元件。变压器等电感器件的安装，要减少对邻近元器件的干扰。

3. 印制电路板上导线焊接技能

单孔印制电路板是一种可用于焊接训练和搭建试验电路用的印制电路板。在单孔印制电路板中导线一般采用直径为 0.5mm 的镀锡裸铜丝来进行各种电路的连接。

（1）镀锡裸铜丝焊接要求。

1）镀锡裸铜丝挺直，整个走线呈现直线状态，弯成 90°。

2）焊点均匀一致，导线与焊盘融为一体，无虚焊、假焊。

3）镀锡裸铜丝紧贴印制电路板，不得拱起、弯曲。

4）对于较长尺寸的镀锡裸铜丝，在印制电路板上应每隔 10mm 加焊一个焊点。

（2）插焊方法和技巧。

1）焊接前先将镀锡裸铜丝拉直，按照工艺图纸要求，将其剪成所需要长短的线材，并按工艺要求加工成形待用。

2）按照工艺图纸要求，将成形后的镀锡裸铜丝插装在单孔印制电路板的相应位置，并用交叉镊子固定，然后进行焊接。

注意

对成直角状的镀锡裸铜丝焊接时，应先焊接直角处的焊点，注意不能先焊两头，避免中间拱起。

（3）焊接的连接方式。印制电路板上元器件和零部件的连接方式有直接焊接和间接焊接两种。直接焊接是利用元器件的引出线与印制电路板上的焊盘直接焊接起来。焊接时往往采用插焊技术。间接焊接是采用导线、接插件将元器件或零部件与印制电路板上的焊盘连接起来。

【任务测试】

（1）认识印制电路板，并按照电路图合理插装电路元器件。注意以下问题。

1）插装电阻和二极管时，有什么区别？

_____

_____

_____

2）插装电容和晶体管时应该注意些什么？

_____

_____

_____

（2）用导线连接电路板时有什么要求？

_____

_____

_____

_____

【任务评估】

班级			姓名			学号			
评价项目	自我评价			小组评价			教师评价		
	8～10	6～7	1～5	8～10	6～7	1～5	8～10	6～7	1～5
学生纪律与积极性									
资料收集									
电阻的插装与焊接									
电容的插装与焊接									

评价项目	自我评价			小组评价			教师评价		
	8～10	6～7	1～5	8～10	6～7	1～5	8～10	6～7	1～5
二极管的插装与焊接									
晶体管的插装与焊接									
电容充放电延时电路的制作									
晶体管直流放大电路									
安全操作规程执行									
协作精神及时间观念									
总评									

任务四　循环彩灯的设计与制作

【任务目标】

(1) 熟悉常用元器件的识别与检测。

(2) 认识电路工作原理。

(3) 掌握电路的设计、焊接、调试等操作过程。

【任务要求】

各式各样的彩灯让都市夜晚呈现出美妙的景象，而设计和制作各种彩灯，也逐渐成为电子行业的商机。本次任务主要让学生掌握电路的基本设计思路、电路的装配及焊接工艺。

【任务实施】

一、认识电路

1. 电路分析

(1) 电路工作原理如图 2 - 25 所示。

1) 接通电源后，哪一路灯先亮取决于晶体管的导通参数 U_{be} 与阻容的充电系数。如果 VT_1 的要求导通电压 U_{be1} 比其他晶体管的 U_{be} 小，或 R_1C_1 的充电时间比其他路的 RC 充电时间快，那么就决定了 VT_1 先导通饱和，迫使 U_{c1} 首先下降，使 1 路灯先亮。

2) VT_3、VT_4 的基极电压通过二极管 VD_5、VD_7 的钳位被拉低，使 VT_3、VT_4 受牵

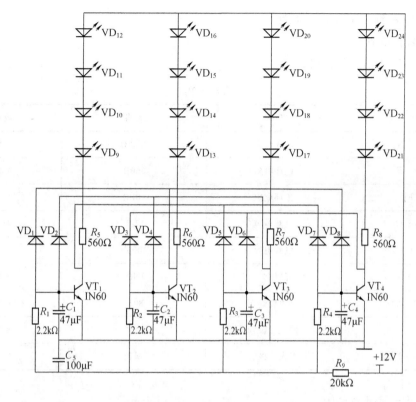

图 2-25 循环灯电路图

制而处于截止状态，3、4 路灯都不亮。

3）VT$_2$ 没有受到牵制，通过 $\tau = R_2 C_2$ 的充电时间，VT$_2$ 达到饱和导通，$U_{c2} \approx 0$，于是 2 路灯亮。

4）同时 VT$_1$、VT$_4$ 通过 VD$_1$、VD$_8$ 钳位，处于截止状态，集电极电压为高电平，1、4 路灯在于 2 路灯亮的同时都不能亮。

5）只有 3 路被释放出来（没被钳位），通过 $\tau = R_3 C_3$ 的充电时间，VT$_3$ 迅速达到饱和。

6）按照以上规律，VT$_1$、VT$_2$、VT$_3$、VT$_4$ 轮流导通。循环灯也按 1、2、3、4 路顺序地工作，并且都是按 $\tau = RC$ 的时间依次循环。

（2）电路中各元器件的作用。

1）晶体管 VT$_1$～VT$_4$：利用其饱和、截止的状态，起开关的作用。

2）二极管 VD$_1$～VD$_8$：利用其单向导电性，起钳位作用。

3）电容 C$_1$～C$_4$：利用其充放电特性，起延时作用。

4）电容 C$_5$：为旁路电容，稳定电路电压。

5）电阻 R$_1$～R$_4$：与电容 C$_1$～C$_4$ 组成延时电路，延时时间 $\tau = RC$。

6）电阻 R$_5$～R$_8$：为限流电阻，防止发光二极管被击穿。

7）电阻 R$_9$：为电源分压电阻，稳定电路。

47

二、元器件的清点与检测

1. 元器件清点

根据表2-4清点元器件。

表2-4 元件清单

代号	名称	规格	数量
$R_1 \sim R_4$	色环电阻	2.2kΩ	4个
$R_5 \sim R_8$	色环电阻	560Ω	4个
R_9	色环电阻	20kΩ	1个
$C_1 \sim C_4$	电解电容	47μF	4个
C_5	电解电容	100μF	1个
$VT_1 \sim VT_4$	晶体管	IN60	4个
$VD_1 \sim VD_8$	二极管	8050	8个
$VD_9 \sim VD_{16}$	发光二极管	红色	8个
$VD_{17} \sim VD_{24}$	发光二极管	绿色	8个

2. 电路元器件检测

对应以下表格对元器件逐一进行检测，同时把结果填入表内。所有元器件的检测方法可参考前面的相关内容。

（1）色环电阻：主要识读其标称阻值，用万用表检测其真实标阻值，检测值填入表2-5中。

（2）电解电容：识别判断其正负极，并用万用表检测其质量的好坏，检测值填入表2-6中。

（3）普通二极管：主要判断其正负极，并用万用表检测其质量的好坏，检测值填入表2-7中。

（4）发光二极管：识别判断其正负极，并用万用表检测其质量的好坏，检测值填入表2-8中。

（5）晶体管：识别其类型与三个引脚的序列，并用万用表检测其质量的好坏，检测值填入表2-9中。

表2-5 电阻检测

电阻	R_1	R_2	R_3	R_4	R_5	R_6	R_7	R_8	R_9
标称值									
实测值									
好/坏									

48

表 2－6 电容检测

电 容	C_1	C_2	C_3	C_4	C_5
标称值					
正向漏电电阻					
好/坏					

表 2－7 普通二极管检测

普通二极管	VD_1	VD_2	VD_3	VD_4	VD_5	VD_6	VD_7	VD_8
正向电阻								
反向电阻								
好/坏								

表 2－8 发光二极管检测

发光二极管	VD_9	VD_{10}	VD_{11}	VD_{12}	VD_{13}	VD_{14}	VD_{15}	VD_{16}
正向电阻								
反向电阻								
好/坏								
发光二极管	VD_{17}	VD_{18}	VD_{19}	VD_{20}	VD_{21}	VD_{22}	VD_{23}	VD_{24}
正向电阻								
反向电阻								
好/坏								

表 2－9 晶体管检测

晶体管	VT_1	VT_2	VT_3	VT_4
判管脚				
测 β 值				
好/坏				

三、电路制作与调试

1. 电路设计与布局

（1）按电路原理图的结构及元器件插装工艺要求绘制电路元器件排列的布局草图，布局以合理、美观为标准。

（2）按工艺要求对元器件的引脚进行成形加工。

（3）按布局图在印制电路板上依次进行元器件的排列、插装（可参考图 2-26），具体要求如下。

1）电阻、普通二极管采用水平安装，需贴近印制电路板，电阻的色标方向一致。

2）发光二极管采用直立式安装，管底面离印制电路板（6±2）mm。

3）电容采用直立式安装，底面应尽量贴近印制电路板。

4）晶体管采用直插的方式安装，3 个电极引线分别成一定角度。

在安装元器件时，应注意电解电容、二极管、发光二极管的正负极及晶体管的三个极性的判断。

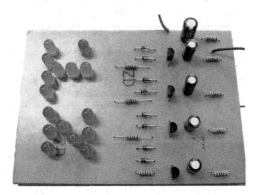

图 2-26　循环彩灯电路元器件布局

2. 电路焊接

（1）元器件焊接前的准备。根据实际经验的积累，常把手工焊接的过程归纳成 8 个字，即"一刮、二镀、三测、四焊"，而"刮""镀""测"等步骤是焊接前的准备过程。

1）"刮"。"刮"是指处理焊接对象的表面。元器件引线一般都镀有一层薄薄的锡料，但时间一长，引线表面会产生一层氧化膜而影响焊接，所以焊接前先要用刮刀将氧化膜去掉。

注意

• 清洁焊接元器件引线的工具，可用废锯条做成的刮刀。焊接前，应先刮去引线上的油污、氧化层或绝缘漆，直到露出紫铜表面，使其表面不留一点脏物为止。此步骤也可采用细砂纸打磨的方法。

• 对于有些镀金、镀银的合金引出线，因为其基材难于搪锡，所以不能把镀层刮掉，可用粗橡皮擦去表面的脏物。

• 元器件引脚根部留出一小段不刮，以免引起根部被刮断。

• 对于多股引线也应逐根刮净，刮净后将多股线拧成绳状。

2）"镀"。"镀"是指对被焊部位镀锡。首先将刮好的引线放在松香上，然后用烙铁头轻压引线，往复摩擦、连续转动引线，使引线各部分均匀镀上一层锡。

注意

• 引线作清洁处理后，应尽快镀锡，以免表面重新氧化。

- 镀锡前应将引线先蘸上助焊剂。

- 对多股引线镀锡时导线一定要拧紧，防止镀锡后直径增大、不易焊接或穿管。

3）"测"。"测"是指对镀过锡的元器件进行检查，看其经电烙铁高温加热后是否损坏。元器件的具体测量方法详见前面相关内容。

（2）焊接过程。

1）焊接电路元器件：采用五步焊接法将电路元器件有序地焊接完毕。

2）连接电路：利用导线将电路中的焊点连接完整，具体要求见前面内容。

3）焊接电源输入线或输入端子。焊接后的样板图如图 2-27 所示。

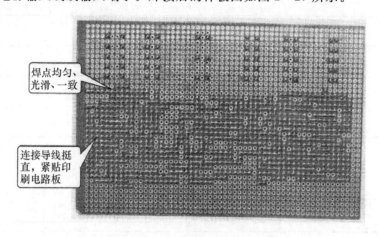

图 2-27 电路焊接后的样板图

3. 电路调试

（1）电路通电前检查以下两项内容。

1）检查是否有插错的元器件。

2）检查设计布线是否有错误，铜皮是否有短路或开路。

（2）故障分析。

1）1、2 路灯长时间点亮，3、4 路灯长时间熄灭，检查 VD_1 是否开路。

2）2、3 路灯长时间点亮，1、4 路灯长时间熄灭，检查 VD_4 是否开路。

3）2、4 路灯长时间点亮，1、3 路灯长时间熄灭，检查 VD_6 是否开路。

4）1、4 路灯长时间点亮，2、3 路灯长时间熄灭，检查 VD_7 是否开路。

5）4 路长时间点亮，1、2、3 路快速闪烁，检查 C_2、C_3、C_4、C_5 是否开路。

6）1 路长时间熄灭，2、3、4 路快速闪烁，检查 C_1、C_2、C_3、C_4、C_5 是否开路。

7）4 路长时间点亮，1、2、3 路长时间熄灭，检查 R_1 是否开路。

8）3 路长时间点亮，2、3、4 路长时间熄灭，检查 R_4 是否开路。

4. 技能实训

（1）考核方式。

1）电路板的制作质量考核。

2）一对一的发问考试。

（2）考核内容。

1）电路能正常工作（占 20%）。

2）电路板的元件排列整齐，焊点标准，布线合理、美观（占 50%）。

3）电路原理、元件作用、故障分析等知识的认知（占 30%）。

（3）小组总结制作电路时遇到的困难与出现过的故障，填入表 2-10 中。

表 2-10　　　　　　　　　　　　　　困难与故障

困难	解决方法
①	
②	
故障	解决方法
①	
②	

【任务测试】

（1）简要说明电路工作原理。

_____

_____

_____

（2）通电后，若电路可以正常工作，请做以下练习及思考。

1）计算每路灯亮的间隔时间（$\tau = RC$）。若用 3.3kΩ 换 2.2kΩ，循环灯情况如何？

_____

_____

_____

2）如果适当提高或降低电压，循环灯会出现什么情况？为什么？

_____

_____

_____

3）能使循环灯显示更亮一点的方法有哪几种？分别是什么？

_____

_____

_____

班级			姓名			学号		
评价项目	自我评价			小组评价			教师评价		
	8~10	6~7	1~5	8~10	6~7	1~5	8~10	6~7	1~5
学生纪律 与积极性									
资料收集									
电路工作 原理分析									
元器件清点 与检测									
电路布局									
电路焊接									
电路板质量									
电路成功程度									
安全操作 规程执行									
协作精神 及时间观念									
总评									

任务五　拆焊技术

【任务目标】

（1）学会在印制电路板上按工艺要求对元器件进行拆焊。

（2）掌握拆焊的工艺要求与正确方法。

【任务要求】

本次任务主要学习怎样使用合适的工具和恰当的方法对电子焊接工艺进行拆焊，它也是电子制作工艺中的一项重要的技能。

【任务实施】

拆焊又称为解焊。在调试、维修或焊错的情况下，常常需要将已焊接的连线或元器件拆卸下来，这个过程就是拆焊，它是焊接技术的一个重要组成部分。在实际操作中，拆焊要比焊接更困难，更需要使用恰当的方法和工具。如果拆焊不当，很容易损坏元器件，或使铜箔脱落而破坏印制电路板。因此，拆焊技术也是应熟练掌握的一项操作基本功。

除普通电烙铁外，常用的拆焊工具还有如下几种。

一、拆焊工具

1. 吸锡器

吸锡器用来吸取印制电路板焊盘的焊锡，它一般与电烙铁配合使用，如图 2 - 28 所示。

2. 镊子

拆焊以选用端头较尖的不锈钢镊子为佳，它可以用来夹住元器件引线，挑起元器件引脚或线头。

3. 吸锡绳

吸锡绳一般是利用铜丝的屏蔽线电缆或较粗的多股导线制成，如图 2 - 29 所示。

图 2 - 28　吸锡器

图 2 - 29　吸锡绳

4. 吸锡电烙铁

吸锡电烙铁主要用于拆换元器件，它是手工拆焊操作中的重要工具，用以加温拆焊点，同时吸去熔化的焊料。它与普通电烙铁不同的是其烙铁头是空心的，而且多了一个吸锡装置，如图 2 - 30所示。

图 2 - 30　吸锡电烙铁

二、用镊子进行拆焊

在没有专用拆焊工具的情况下用镊子进行拆焊，因其方法简单，是印制电路板上元器件拆焊常采用的拆焊方法。由于焊点的形式不同，其拆焊的方法也不同。

（1）对于印制电路板中引线之间焊点距离较大的元器件，拆焊相对容易，一般采用分点拆焊的方法，如图2-31所示。操作过程如下。

1）首先固定印制电路板，同时用镊子从元器件面夹住被拆元器件的一根引线。

2）用电烙铁对被夹引线上的焊点进行加热，以熔化该焊点上的焊锡。

3）待焊点上焊锡全部熔化，将被夹的元器件引线轻轻从焊盘孔中拉出。

4）用同样的方法拆焊被拆元器件的另一根引线。

5）用烙铁头清除焊盘上多余的焊料。

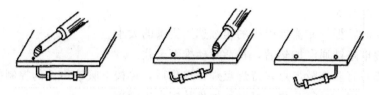

图2-31　分点拆焊示意图

（2）对于拆焊印制电路板中引线之间焊点距离较小的元器件，如晶体管等，拆焊时具有一定的难度，多采用集中拆焊的方法，如图2-32所示。操作过程如下。

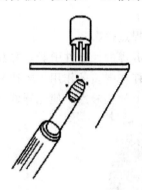

图2-32　集中拆焊示意图

1）首先固定印制电路板，同时用镊子从元器件一侧夹住被拆焊元器件。

2）用电烙铁对被拆元器件的各个焊点快速交替加热，以同时熔化各焊点上的焊锡。

3）待焊点上焊锡全部熔化，将被夹的元器件引线轻轻从焊盘孔中拉出。

4）用烙铁头清除焊盘上多余焊料。

注意

1）此方法加热要迅速，注意力要集中，动作要快。

2）如果焊接点引线是弯曲的，要逐点间断加温，先吸取焊接点上的焊锡，露出引脚轮廓，将引线拉直后再拆除元器件。

（3）在拆卸引脚较多、较集中的元器件时（如天线圈、振荡线圈等），采用同时加热的方法比较有效。

1）用较多的焊锡将被拆元器件的所有焊点焊连在一起。

2）用镊子钳夹住被拆元器件。

3）用内热式电烙铁头对被拆焊点连续加热，使被拆焊点同时熔化。

4）待焊锡全部熔化后，用时将元器件从焊盘孔中轻轻拉出。

5）清理焊盘，用一根不沾锡的直径为 3mm 的钢针从焊盘面插入孔中，如焊锡封住焊孔，则需用烙铁熔化焊点。

三、用吸锡工具进行拆焊

1. 用专用吸锡烙铁进行拆焊

对焊锡较多的焊点，可采用吸锡烙铁去锡脱焊。拆焊时，吸锡电烙铁加热和吸锡同时进行，其操作过程如下。

（1）吸锡时，根据元器件引线的粗细选用锡嘴的大小。

（2）吸锡电烙铁通电加热后，将活塞柄推下卡住。

（3）锡嘴垂直对准吸焊点，待焊点焊锡熔化后，再按下吸锡烙铁的控制按钮，焊锡即被吸进吸锡烙铁中。反复几次，直至元器件从焊点中脱离。

2. 用吸锡器进行拆焊

吸锡器是专门用于拆焊的工具，装有一种小型手动空气泵，如图 2-33 所示。其拆焊过程如下。

（1）将吸锡器的吸锡压杆压下。

（2）用电烙铁将需要拆焊的焊点熔融。

（3）将吸锡器吸锡嘴套入需拆焊的元器件引脚，并没入熔融焊锡。

（4）按下吸锡按钮，吸锡压杆在弹簧的作用下迅速复原，完成吸锡动作。如果一次吸不干净，可多吸几次，直到焊盘上的锡吸净，使元器件引脚与铜箔脱离。

图 2-33　吸锡器拆焊示意图

3. 用吸锡带进行拆焊

吸锡带是一种通过毛细吸收作用吸取焊料的细铜丝编织带，使用吸锡带去锡脱焊，操作简单，效果较佳，如图 2-34 所示。其拆焊操作方法如下。

（1）将铜编织带（专用吸锡带）放在被拆焊的焊点上。

（2）用电烙铁对吸锡带和被焊点进行加热。

（3）一旦焊料熔化时，焊点上的焊锡逐渐熔化并被吸锡带吸去。

（4）如被拆焊点没完全吸除，可重复进行。每次拆焊时间为 2~3s。

注意

1) 被拆焊点的加热时间不能过长。当焊料熔化时，及时将元器件引线按与印制电路板垂直的方向拔出。

2) 尚有焊点没有被熔化的元器件，不能强行用力拉动、摇晃和扭转，以免造成元器件或焊盘的损坏。

3) 拆焊完毕，必须把焊盘孔内的焊料清除干净。

图 2-34 吸锡带拆焊示意图

四、拆焊技术的操作要领

1. 严格控制加热的时间与温度

一般元器件及导线绝缘层的耐热性较差，受热易损元器件对温度更是十分敏感。在拆焊时，如果时间过长，温度过高会烫坏元器件，甚至会使印制电路板焊盘翘起或脱落，进而给继续装配造成很多麻烦。因此，一定要严格控制加热的时间与温度。

2. 拆焊时不要用力过猛

塑料密封器件、瓷器件和玻璃端子等在加温情况下，强度都有所降低，拆焊时用力过猛会引起器件和引线脱离或铜箔与印制电路板脱离。

3. 不要强行拆焊

不要用电烙铁去撬或晃动接点，不允许用拉动、摇动或扭动等办法强行拆除焊接点。

【任务测试】

(1) 拆焊需要哪些常用工具？

_____

_____

_____

(2) 用镊子拆焊有哪些好处？

_____

_____

_____

（3）用吸锡工具拆焊时应注意些什么？

_____

_____

_____

【任务评估】

班级			姓名			学号		
评价项目	自我评价			小组评价			教师评价		
	8～10	6～7	1～5	8～10	6～7	1～5	8～10	6～7	1～·5
学生纪律与积极性									
资料收集									
拆焊工具的认识									
用镊子拆焊情况									
用吸锡器拆焊情况									
用吸锡带拆焊情况									
拆焊手法的掌握									
安全操作规程执行									
协作精神及时间观念									
总评									

项目三
贴片式元器件的焊接与拆焊技术

　　贴片式元器件是电子设备微型化、高集成化的产物，是一种无引线或短引线的新型微小型元器件。近年来，贴片式元器件已被广泛应用于计算机、通信设备、医疗电子产品等高科技产品和音视频产品中。随着数码等电子产品功能越来越强，体积越来越小，贴片式元器件和表面贴片式安装技术在其中起着决定性作用。因此，认识各种贴片式元器件，并掌握其安装与拆装技术，是电子技术学习者必不可少的学习内容。

【知识目标】

　　（1）认识 SMT 技术及贴片元器件的种类，能检测元器件的好坏。
　　（2）熟悉常用贴片式元器件的装配、焊接及拆卸工艺。
　　（3）懂得分析万能充电器的原理，并懂得其制作与维修。

【技能目标】

　　（1）培养学生对电子技术的兴趣。
　　（2）懂得贴片电阻、电容和晶体管等元器件识别、测量与选择。
　　（3）会选择合适贴片元器件的焊接工具及相关辅助材料。
　　（4）能熟练掌握电路的安装、焊接方法及拆卸技巧。
　　（5）能懂得万能充电器电路的基本维修方法与技巧。

任务一　认识表面贴装技术（SMT）及贴片元器件

【任务目标】

　　（1）了解 SMT 技术。
　　（2）认识常用贴片式元器件的规格和种类。

【任务要求】

　　通过本次任务，学生认识 SMT 技术及贴片元器件，熟悉它们的作用与特点，为今后从事电子高端领域打好基础。

【任务实施】

　　SMT 是先进的电路组装技术，它将体积很小的无引线或短引线片状元器件直接贴装在印制电路板铜箔上，从而实现了电子产品组装的高密集度、高可靠性、小型化、低成本以及生产的自动化。SMT 现在已成为现代电子制造业的主流技术。

我们使用的计算机、手机、打印机、复印机、数码相机，还有许多集成化程度高、体积小、功能强的高科技控制系统，都是采用 SMT 生产制造出来的（如图 3-1 所示）。

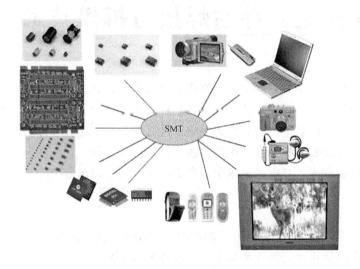

图 3-1 SMT 的应用领域

一、表面贴装技术（SMT）的优点及应用

1. SMT 的优点

（1）高密集度。SMC、SMD 的体积只有传统元器件的 $1/10 \sim 1/3$，可以装在 PCB 的两面，有效利用了印制电路板的面积，减轻了电路板的重量。一般采用了 SMT 后可使电子产品的体积缩小 $40\% \sim 60\%$，重量减轻 $60\% \sim 80\%$。

（2）高可靠性。SMC 和 SMD 无引线或引线很短，重量轻，因而抗振能力强，焊点失效率可比 THT 至少降低一个数量级，大大提高了产品可靠性。

（3）高性能。SMT 密集安装减小了电磁干扰和射频干扰，尤其高频电路中减小了分布参数的影响，提高了信号传输速度，改善了高频特性，使整个产品性能提高。采用 THT 电路工作频率大于 500MHz 就很困难，而目前采用 SMT 可达 3GHz 以上。可以说，没有 SMT 就没有计算机、手机等现代高频产品。

（4）高效率。SMT 更适合自动化大规模生产。采用计算机集成制造系统（CIMS）可使整个生产过程高度自动化，将生产效率提高到新的水平。

（5）低成本。SMT 使 PCB 面积减小，成本降低；无引线和短引线，使 SMD、SMC 成本降低，安装中省去引线成形、打弯、剪线的工序；频率特性提高，减少调试费用；焊点可靠性提高，减小调试和维修成本。一般情况下采用 SMT 后可使产品总成本下降 30% 以上。

2. SMT 的应用

通常，如果一个产品有如下要求，那么最好选用 SMT。

（1）尺寸小、板面空间受限制 。

（2）要求容纳大容量的存储器。

（3）要求重量轻。

（4）能够接纳几个大型、高引脚数的复杂 IC，如 ASIC。

（5）能够在高频与高速下工作 。

（6）对电磁兼容性要求高，抗 EMI 和 RFI。

（7）具有自动化大批量生产前景。

二、贴片元器件

表面安装元器件在功能上和插装元器件没有差别，其不同之处在于元器件的封装。贴片元器件体积小，占用 PCB 板面积少，元器件之间布线距离短，高频性能好，缩小设备体积，尤其便于便携式手持设备应用。SMT 元器件如图 3-2 所示。

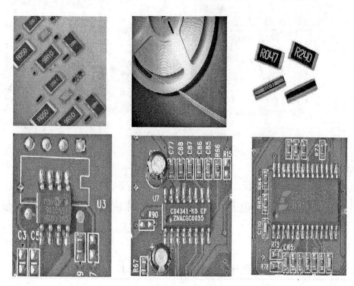

图 3-2　SMT 元器件

1. 贴片电阻

贴片电阻是金属玻璃铀电阻器中的一种，是将金属粉和玻璃铀粉混合，采用丝网印刷法印在基板上制成的电阻器。其特点是耐潮湿、耐高温、温度系数小。贴片电阻如图 3-3 所示。

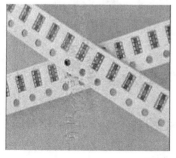

图 3-3　贴片电阻

贴片电阻有如下特性。

1）体积小，重量轻。

2）适应再流焊与波峰焊。

3）电性能稳定，可靠性高。

4）装配成本低，并与自动装贴设备匹配。

5）机械强度高、高频特性优越。

2．贴片电容

电容主要应用于电源电路，实现旁路、去耦、滤波和储能的作用；应用于信号电路，主要完成耦合、振荡/同步及时间常数的作用。

贴片式电容有贴片式陶瓷电容、贴片式钽电容、贴片式铝电解电容、有机薄膜片式电容器、云母片式电容器等。贴片电容如图3-4所示。

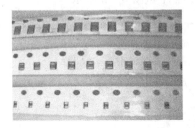

图3-4　贴片电容

贴片电容有如下特点。

贴片式钽电容的特点是寿命长、耐高温、准确度高、滤高频改波性能极好，但容量较小，价格也比铝电容贵，而且耐电压及电流能力相对较弱，应用于小容量的低频滤波电路中。

3．贴片二极管

贴片二极管特点：体积小、耗电量低、使用寿命长、高亮度、环保、坚固耐用牢靠、适合量产、反应快，防震、节能、高解析度、耐震、可设计等优点。贴片二极管如图3-5所示。

图3-5　贴片二极管

4．贴片晶体管

贴片晶体管一般可分为SOT23、SOT89、SOT143三种，其中SOT23、SOT89较为常见。贴片晶体管如图3-6所示。

图 3 - 6　贴片晶体管

5. 贴片集成芯片

根据贴片 IC 封装形式可以分为 PLCC（四方 J 形引脚，如图 3 - 7 所示）、QFP（正四方，如图 3 - 8 所示）和 BGA（底部球状形，如图 3 - 9 所示）三种形式。

（1）PLCC（四方 J 形引脚）。国际上采用 IC 脚位的统一标准：将 IC 的方向指示缺口朝左边，靠近自己一边的引脚从左至右为第一脚至第 N 脚，远离自己的一边从右至左为第 $N+1$ 脚至最后一脚。注：有部分厂家生产的 IC 不是用方向指示缺口来标识，而是用一条丝印来表示方向，辨认脚位的方法和上述方法一样。

（2）QFP（正四方翅形引脚）。QFP IC 封装在集成电路的集成量和功能增加的同时，IC 的引脚不断增多，而 IC 的体积却不能增大太多，IC 为解决这个矛盾，设计出四边都有引脚的正四方 IC 封装形式。

正四方 IC 引脚脚位辨认方法：将方向指示标记朝左并靠近自己，正对自己的一排引脚左边第一脚为 IC 的第一脚，按逆时针方向依次为第二脚至第 N 脚。

图 3 - 7　PLCC 封装芯片

图 3 - 8　QFP 封装芯片

正面

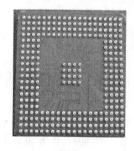

背面

图 3 - 9　BGA 封装芯片

（3）BGA（底部锡球引脚）。随着技术的更新，集成电路的集成度不断提高，功能强大的 IC 不断被设计出来，引脚不断增多，QFP 方式已不能解决需求，因此 BGA 封装方式被设计出来。它充分利用 IC 与 PCB 接触面积，大幅利用 IC 的底面和垂直焊接方式，从而解决了引脚的问题。

三、技能实训

1. 实操工具

放大镜一只，单面表面贴装印制电路板一块，表面贴装电阻器、电容器和晶体管等贴片元件若干个。

2. 操作要求

（1）能认识并分辨各种贴装元器件。

（2）能识读元器件的参数并能检测其性能。

（3）操作过程如下。

1）准备好贴片元器件。

2）各类元器件分类。

3）利用放大镜，识读贴片电阻的阻值，并利用万用表检测。

4）利用万用表测量电容容量及好坏。

5）利用万用表测量二极管、晶体管的极性并判断其好坏。

（4）操作指导：结合前面的内容，简要进行各类元器件的检测。

（5）操作测试：采用考核计分形式，对学生的实操进行考核，从而了解学生的实操进度及效果。

【知识链接】

1. 贴片电阻的识别

贴片电阻是一种外观上非常单一的元件，方形、黑色，表面有丝印标识元件值，尺寸有各种大小。

阻值识别规则。四位数标示时，第一至三位表示元件值有效数字，第四位表示有效数字后应乘的位数。五位数标示时，第一至四位表示元件值有效数字，第五位表示有效数字后应乘的位数。

图 3-10　贴片电阻

例：图 3-10 中的电阻丝印为"5101"，第一、二、三位为 510，第四位为 1，则该电阻 $=510 \times 10^1 = 5100\Omega = 5.1k\Omega$。

2. 电容的识别

（1）贴片钽电容。有极性的电容，丝印上标明了电容值为 $6.8\mu F$，耐压值为 25V（如图 3-11 所示）。

（2）贴片瓷片电容。体积小，无极性，无丝印，基本单位为 pF（如图 3-12 所示）。

（3）贴片电解电容。丝印印有容量、耐压和极性标示，其基本单位为 μF（如图 3-13 所示）。

图 3-11　贴片钽电容　　　图 3-12　贴片瓷片电容　　　图 3-13　贴片电解电容

3. 贴片叠层电感

外观上与贴片电容的区别很小，区分的方法是贴片电容有多种颜色，其中有褐色、灰色、紫色等，而贴片电感只有黑色一种，基本单位为 mH。

【任务测试】

（1）什么是 SMT？

_____

_____

_____

_____

（2）表面贴装元件与直插元件有什么区别？而前者又有什么特性？

_____

_____

_____

_____

（3）贴片电容分为_____、_____、_____、_____。

（4）IC 按封装形式可分为_____、_____、_____、_____。

（5）贴片电阻的丝印为 542，其电阻值是_____，1562 的电阻值是_____，330 的电阻值是_____。

【任务评估】

班级			姓名			学号			
评价项目	自我评价			小组评价			教师评价		
	8～10	6～7	1～5	8～10	6～7	1～5	8～10	6～7	1～5
学生纪律与积极性									
资料收集									
贴片电阻的识别与检测									
贴片电容的识别与检测									

评价项目	自我评价			小组评价			教师评价		
	8～10	6～7	1～5	8～10	6～7	1～5	8～10	6～7	1～5
贴片二极管的识别与检测									
贴片晶体管的识别与检测									
安全操作规程执行									
协作精神及时间观念									
总评									

任务二　贴片元器件的焊接

【任务目标】

（1）认识贴片元器件焊接工具与辅助材料。
（2）学会使用热风枪、电烙铁的使用。
（3）掌握贴片元器件的焊接方法及技巧。
（4）能制作万能充电器并排除其常见故障。

【任务要求】

本次任务主要让学生熟悉贴片元器件的焊接工具与辅助材料，并掌握各种贴片元器件的焊接方法，为电子产品制作做好准备。

【任务实施】

作为新一代电子装联技术已经渗透到各个领域，SMT 产品具有结构紧凑、体积小、耐振动、抗冲击，高频特性好、生产效率高等优点。SMT 在电路板装联工艺中已占据了领先地位。

按焊接方式分为再流焊（如图 3 - 14 所示）和波峰焊（如图 3 - 15 所示）两种类型。

刷锡膏　　　　　贴装元器件　　　　　再流焊

图 3 - 14　再流焊

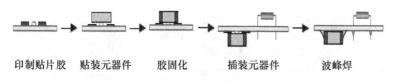

印制贴片胶　　贴装元器件　　胶固化　　插装元器件　　波峰焊

图 3-15　波峰焊

现代生产中主要采用以上两种焊接方式。手工焊接虽然已难于胜任现代化的生产，但仍有广泛的应用，比如电路板的调试和维修，焊接质量的好坏也直接影响到维修效果。它在电路板的生产制造过程中的地位是非常重要的、必不可少的。本任务主要介绍手工焊接贴片元件的技能。

一、认识贴片元件焊接工具

在贴片元件焊接之前，必须把焊接工具及辅助材料准备妥当，才能更好进行元件的焊接。

1. 热风枪

台式热风枪如图 3-16 所示，其指标和适用范围如表 3-1 所示。

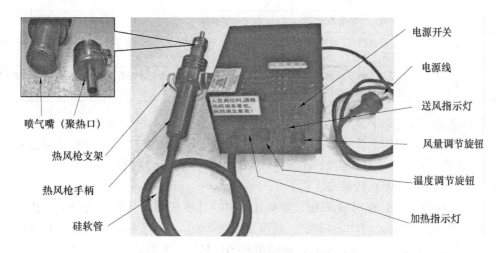

图 3-16　台式热风枪

表 3-1　　　　　　　　　　　　　台式热风枪

名称/型号	台式热风枪 HAKKO 850B
功率	300W
风量	23L/min（最大）
温度	100~450℃
适用	适用于拆装普通电阻、电容元器件、BGA 和集成电路等元器件

电子恒温热风枪如图 3-17 所示，其指标和适用范围如表 3-2 所示。

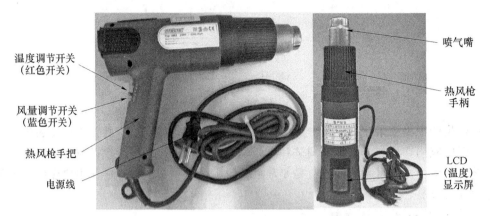

图 3-17　电子恒温热风枪

表 3-2　　　　　　　　　　　　　电子恒温热风枪

名称/型号	电子恒温热风枪 HL-2305（LCD）
功率	2300W
热/风量设置	三段速推制式
温度	1挡：50℃冷风。2挡：50～650℃电子恒温
风量	1挡：250L/min（冷风）。2挡：150～270L/min（随热度转换）。3挡：250～500L/min（随热度转换）
适用	适用于拆装电池连接器、耳机插试、SIM卡座等含塑料成分的元器件、屏蔽盖等大型元件以及需要均匀加热的BGA、集成电路等元器件

热风枪使用规范如下。

（1）热风枪使用前，针对焊拆要求，如 IC 封装（SOP、QFP 封装、BGA 类及底填胶处理）、部件（耳机座、屏蔽盖）、小元件（贴片电阻、电容、电感）等，使用时再选择适宜温度、风量及风嘴距板的距离。

（2）在吹焊主板上的 SIM 卡座、电池连接器、耳机插座等含塑料成分的元件时，建议使用电子恒温热风枪（HL-2305），温度设定在 280℃（高于锡丝的熔点，低于塑料的熔点），风量设定在 250L/min 左右，避免塑料元件起泡、变形。

（3）热风枪在使用操作过程中，手不得碰触热风或喷气嘴周围的金属部位，以免烫伤。喷气嘴不可朝向人体或易燃品。

（4）热风枪旁边 10cm 之内不得摆放易燃易爆的危险品，如酒精等。

（5）台式热风枪（HAKKO 850B）不用时应将热风关至最小，风量开到最大，并将风枪手柄挂于支架上。

（6）电子恒温热风枪（HL-2305）不用时应关闭温度开关，并将风口朝上放置。

（7）热风枪使用结束后，关闭电源（POWER）开关，喷气嘴仍会喷出冷风，进行冷却。在冷却时不得拔去电源插头。

2. 恒温电烙铁

恒温电烙铁内部采用居里温度很高的条状的 PTC 恒温发热元器件，配设紧固导热结构。其特点是优于传统的电热丝烙铁心，升温迅速、节能、工作可靠、寿命长、成本低廉。用低电压 PTC 发热芯就能在野外使用，便于维修工作。恒温电烙铁如图 3-18 所示。

图 3-18　恒温电烙铁

（1）电烙铁的温度设定。

1）电烙铁使用前应检查使用电压是否与电烙铁标称电压相符。

2）温度由实际使用决定，以 4s 焊接一个锡点最为合适。平时观察烙铁头，当其发紫时表示温度设置过高。

3）一般直插电子料，将烙铁头的实际温度设置为 330～370℃；表面贴装物料（SMC），将烙铁头的实际温度设置为 300～320℃；特殊物料，需要特别设置烙铁温度。

4）咪头、蜂鸣器等要用含银锡丝，温度一般在 270～290℃。

5）焊接大的组件脚，温度不要超过 380℃，但可以增大烙铁功率。

（2）注意事项。

1）电烙铁使用前应检查使用电压是否与电烙铁标称电压相符。

2）电烙铁应该接地。

3）电烙铁通电后不能任意敲击、拆卸及安装其电热部分零件。

4）电烙铁应保持干燥，不宜在过分潮湿或淋雨环境中使用。

5）拆烙铁头时要切断电源。

6）切断电源后，最好利用余热在烙铁头上一层锡，以保护烙铁头。

7）当烙铁头上有黑色氧化层时可用砂布擦去，然后通电，并立即上锡。

8）海绵用来收集锡渣和锡珠，用手捏刚好不出水为适。

9）焊接之前做好"5S"，焊接之后也要做"5S"。

3. 辅助工具

在电子产品安装过程中需要用到钳子、螺钉旋具、镊子等工具，它们的外形与用途如表 2-3 所示。

二、认识贴片元件焊接辅助材料

1. 焊料

焊料是一种熔点低于被焊金属，在被焊金属不熔化的条件下，能润湿被焊金属表面，并在接触面处形成合金层的物质。电子产品生产中，最常用的焊料称为锡铅合金焊料（又称为焊锡），它具有熔点低、机械强度高、抗腐蚀性能好的特点，使用极为方便。细焊锡丝如图 3-19 所示。

2. 助焊剂

助焊剂是进行锡铅焊接的辅助材料。常用的助焊剂有焊锡膏（如图 3 - 20 所示）、松香（如图 3 - 21 所示）和焊油。前两种在贴片元器件的焊接中常用。

助焊剂的作用：去除被焊金属表面的氧化物，防止焊接时被焊金属和焊料再次出现氧化，并降低焊料表面的张力，有助于焊接。

3. 清洗剂

在完成焊接操作后，要对焊点进行清洗，避免焊点周围的杂质腐蚀焊点。

常用的清洗剂有无水乙醇（无水酒精）、航空洗涤汽油、三氯三氟乙烷等。

4. 去焊丝

去焊丝（如图 3　22 所示）有助于清除旧焊盘上的焊锡，清除焊接点过量的焊锡，对清除贴片元器件上过多的焊锡非常有效。

图 3 - 19　细焊锡丝　　　　图 3 - 20　焊锡膏　　　　图 3 - 21　松香

图 3 - 22　去焊丝

三、贴片元件的焊接方法

对于引脚较少的 SMT 元器件，若不具备组装产品设备或在维修时，可采用手工直接焊接。贴片元件手工焊接工艺的步骤与方法如下。

1. 两脚元器件的焊接

（1）两脚元器件主要有贴片电阻、电容、电感、二极管等，具体操作方法如下。

1）在焊接之前先在焊盘上涂抹助焊剂，用烙铁处理一遍，以使焊盘镀锡良好。

2）在元件的一个焊盘上熔上少量的焊锡。

3）用镊子将器件定位到安装位置，保证安装元件引脚在一个裸焊盘和一个焊锡覆盖的焊盘上。

4）用镊子抓紧元件向下推，同时用恒温烙铁加热已镀锡的焊盘（烙铁设置温度为300～320℃）。焊锡熔化，将元件推至焊盘，再移开烙铁。

5）焊接元件的另一端，用烙铁触及焊盘和器件引脚，添加焊锡，使之也触及焊盘和引脚。

6）检查焊点，若焊锡太多，可用去焊丝清除一点，太少则加一点焊锡。

注意

烙铁在焊接元件上停留时间控制在 2s 以内，若未焊接好元件，最好重新熔化焊锡，再焊接一次。

（2）焊接质量判析。

1）侧悬出（表3-3）。

表3-3   侧悬出

最佳：
没有侧悬出

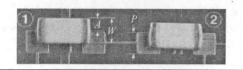

合格：
侧悬出（A）小于或等于元器件焊端宽度（W）的25%
或焊盘宽度（P）的25%

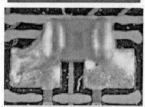

不合格：
侧悬出（A）大于25%W，或25%P

2）端悬出（表3-4）。

表3-4   端悬出

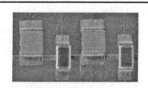

最佳：
没有端悬出

不合格：
有端悬出

71

3）焊端焊点宽度（表3-5）。

表3-5　　　　　　　　　　　　　焊端焊点宽度

最佳：
　焊端焊点宽度（C）等于元件宽度（W）或焊盘宽度（P）

合格：
　焊端焊点宽度（C）等于或大于元器件焊端宽度（W）的75％或PCB焊盘宽度（P）的75％

不合格：
　焊端焊点宽度（C）小于75％W或75％P

4）焊端焊点长度（表3-6）。

表3-6　　　　　　　　　　　　　焊端焊点长度

最佳：
　焊端焊点长度（D）等于元器件焊端长度（T）

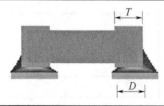

合格：
　对焊端焊点长度（D）不做要求，但要形成润湿良好的角焊缝

5）端重叠（表3-7）。

表3-7　　　　　　　　　　　　　　端重叠

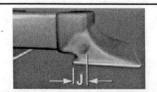

合格：
　元器件焊端和焊盘之间有重叠接触

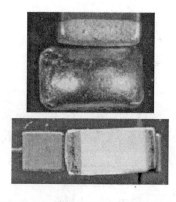

不合格：
元器件焊端与焊盘未接重叠接触或重叠接触不良

2. 多管脚贴片 IC 的焊接

贴片 IC 的管脚比较多，焊接起来相对比较麻烦，但只要掌握了焊接技巧，还是很容易安装的。不同 IC 的具体操作方法如下所示。

（1）BGA 类封装芯片的焊接。由于 BGA 类封装芯片的焊点在元件底面，在安装过程只能采用热风枪进行回流焊，下面具体介绍操作步骤。

1）准备工作：用电烙铁将 IC 上过大的焊锡去除，洗净后检查 IC 焊点是否光亮，如部分氧化可用电烙铁加助焊剂和焊锡，使之光亮，以便植锡。

2）固定 IC。

①高温胶纸固定法（如图 3-23 所示）。

将 IC 对准植锡板网孔按压到位，用高温胶纸将 IC 与植锡板贴牢，把植锡板用手或镊子按牢不动，然后刮浆上锡膏。

图 3-23　高温胶纸固定法

②垫纸板固定法（如图 3-24 所示）。在 IC 下面垫纸板，然后把植锡板孔与 IC 脚对准放上，用手或镊子按牢植锡板，刮锡膏。

3）上锡膏（如图 3-25 所示）。

如锡浆太稀，吹焊时就容易沸腾，导致成球困难，因此锡膏越干越好，只要不是干得发硬成块即可；如果太稀，可用餐巾纸压一压吸干一点。平时可挑一些锡膏放在锡膏内盖上，让它自然晾干一点。用平口刀挑适量锡膏到植锡板上，用力往下刮，边刮边压，使锡膏均匀地填充植锡板的小孔，然后用棉签将植锡板上的多余锡膏清除后即可进行下一步作业。

图 3-24　垫纸板固定法

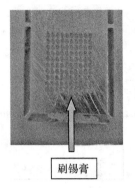

刷锡膏

图 3-25　上锡膏

4）开始吹焊：建议使用台式热风枪风力调小至 2 挡，晃动风嘴，对着植锡板缓缓均匀加热，使锡膏慢慢熔化。当看见植锡板的个别小孔中已有锡球生成时，说明温度已经到位，这时应当抬高热风枪，避免温度继续上升。过高的温度会使锡膏剧烈沸腾，导致植锡失败，严重的还会使 IC 过热损坏。吹焊如图 3-26 所示。

用金属镊子轻按压网

图 3-26　吹焊

注意

如果吹焊成功，发现有些锡球大小不均匀，甚至个别没有上锡，可先用刮刀沿着植锡板表面将过大锡球的露出部分削平，再用刮起刀将锡球过小和缺脚的小孔中上满锡膏，用热风枪再吹一次即可。如果还不行，重复上述操作直至理想状态。重新植球，必须将植锡板清洗干净、擦干。取植锡板时，趁热用镊子尖在 IC 四个角向下压一下，这样就比较容易取下。

5）芯片焊接：同植锡球要求一样，调节热风枪至适合的风量和温度，让风嘴的中央对准 IC 的中央位置，缓缓加热。当看到 IC 往下一沉四周有助焊膏溢出时，说明锡球已和线路板上的焊点熔合在一起。这时可以轻轻晃动热风枪使加热均匀充分，由于表面张力的作用，BGA IC 与线路板的焊点之间会自动对准定位，焊接完成后用酒精将板清洗干净即可。芯片焊接如图 3-27 所示。

注意

在加热过程中切勿用力按 BGA，否则会使焊锡外溢，极易造成脱脚和短路。

6）芯片点胶：利用焊锡球来焊接。模块体积缩小了，也决定了其容易虚焊的特性。

图 3 - 27　芯片焊接

为了加固这种模块，可采用滴胶方法，将针筒内胶施于器件边缘，保证芯片内部完全融胶。芯片点胶如图 3 - 28 所示。

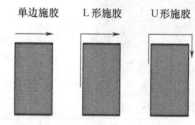

图 3 - 28　芯片点胶

注意

施胶路径取决于芯片的大小，对小芯片可采用单边施胶，而对大芯片可采用 L 形或 U 形施胶，以加快填充。

7）焊点质量判析。对于面阵列/球栅阵列器件焊点，首先假设回流工艺正常，能在器件底部有足够的回流温度。用 X 光作为检查手段（表 3 - 8）。

表 3 - 8　　　　　　　　　　　　　　焊点质量判析

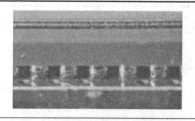	最佳： ①焊端光滑圆润，有清晰的边界，无孔洞，有相同的直径、体积、亮度和对比度 ②位置很正，无相对于焊盘的悬出和旋转 ③无焊料球存在
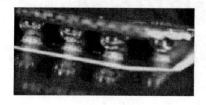	合格： 悬出少于 25%。 工艺警告： ①悬出在 25%～50% ②有焊料球链存在，尺寸大于任意两焊端之间间距的 25% ③有焊料球存在（即使不违反导体间最小间距要求） 不合格： 悬出大于 50%

75

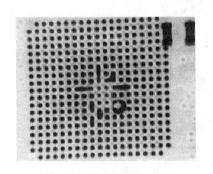	不合格： ①焊料桥接（短路） ②在 X 光下检查发现任意两焊点间有暗斑存在，且肯定不是由于电路或 BGA 下的元器件引起时 ③焊点开路 ④漏焊 ⑤焊料球相连，大于引线间距的 25% ⑥焊料球违反最小导体间距 ⑦焊点边界不清晰，有与背景难于分别的细毛状物或其他杂质
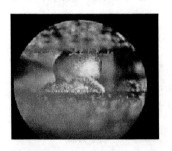	不合格： 焊膏回流不充分
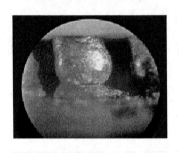	不合格： 焊点连接处发生裂纹

（2）SOP/QFP 类封装芯片的焊接。对于 SOP/QFP 类封装芯片焊接有效的方式是利用电烙铁进行拖焊，下面介绍拖焊的具体方法。

1）准备工作：准备好恒温烙铁、焊锡丝及助焊剂。

2）放置芯片：根据管脚号，将芯片放置在相应焊盘上，如图 3-29 所示。

图 3-29　放置芯片

3）固定芯片：先用手压紧芯片顶端，再用熔化好的焊锡固定管脚，如图 3-30 所示。

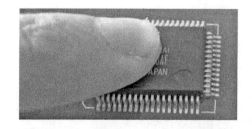

图 3-30　固定芯片

4）上锡：固定好后在 IC 脚的头部均匀地上焊丝，四角都需上好焊锡，如图 3-31 所示。

图 3-31　芯片四角上锡

5）把 PCB 斜放 45°，如图 3-32 所示。

6）把烙铁头放入松香中，甩掉烙铁头部多余的焊锡，如图 3-33 所示。

图 3-32　芯片成 45°脚放置　　　　图 3-33　去除多余焊锡

7）把粘有松香的烙铁头迅速放到斜着的 PCB 头部的焊锡部分，如图 3-34 所示。

8）使电烙铁按照曲线箭头方向运动，如图 3-35 所示。

图 3-34　烙铁头倾斜放置　　　　　图 3-35　烙铁运动方向

9）焊接后的芯片如图3-36所示。

10）利用清洗剂清洗芯片表面，如图3-37所示。

图3-36　焊接后的芯片　　　　图3-37　清洗芯片表面

11）芯片安装完毕后，如图3-38所示。

图3-38　芯片安装完毕

12）焊接质量判析。

①侧悬出（表3-9）。

表3-9　　　　　　　　　　　　　　　　侧悬出

	最佳： 无侧悬出
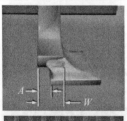 	合格： 侧悬出（A）是 50%W 或 0.5mm

不合格：
侧悬出（A）大于 $50\%W$ 或 0.5mm

②最小引脚焊点宽度（表 3 - 10）。

表 3 - 10 　　　　　　　　　　　　　　　最小引脚焊点宽度

最佳：
引脚末端焊点宽度（C）等于或大于引脚宽度（W）

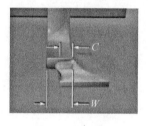

合格：
引脚末端最小焊点宽度（C）是 $50\%W$

不合格：
引脚末端最小焊点宽度（C）小于 $50\%W$

③最小引脚焊点长度（表 3 - 11）。

表 3 - 11　　　　　　　　　　最小引脚焊点长度

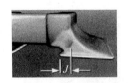	最佳： 整个引脚长度上存在润湿焊点
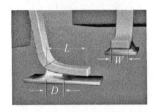	合格： 最小引脚焊点长度（D）等于引脚宽度（W） 当引脚长度 L 小于 W 时，D 应至少为 75%L 不合格： 最小引脚焊点长度（D）小于引脚宽度（W）或 75%L

四、技能实训

1. 实操工具

放大镜一只，单面表面贴装印制电路板一块，表面贴装电阻器、贴装电容器、QPF/SOP/BGA 类封装芯片等若干个。

2. 操作要求

（1）能认识并分辨各种贴装元器件。

（2）能利用热风枪、恒温电烙铁及其他辅助工具和材料焊接贴片元件。

3. 操作过程

（1）准备好贴片元器件、安装工具及辅助材料。

（2）使用电烙铁焊接贴片电阻、电容等两脚元件。

（3）使用电烙铁焊接 SOP/QFP 类封装芯片。

（4）使用电烙铁焊接 BGA 类封装芯片。

（5）反复练习以上操作。

4. 操作指导

结合实操内容，操作示范各类贴片元件的安装方法及技巧，并强调注意事项。

5. 操作测试

采用考核计分形式，对学生的实操进行考核，从而了解学生的实操进度及效果。

【知识链接】

1. 表面安装元器件

（1）表面安装元器件的特点。

1）小型化：无引脚或短引脚。

2）可贴性：必须适合贴片机自动贴装和送料器的种类和数目。

3）可焊性：元器件焊端、引脚的可焊性要好。

4）可靠性：元器件结构和性能可靠，要能够承受贴装压力、再流焊和波峰焊的耐焊接热要求。

（2）表面组装元器件的基本要求。

1）元器件的外形适合自动化表面贴装。

2）尺寸、形状标准化，并具有良好的精度和互换性。

3）具有一定的机械强度。

4）可承受有机溶剂的洗涤。

5）既可以执行零散包装又适应编带包装。

6）具有电气性能和机械性能的互换性。

2. SMT 组装类型

按组装方式可分为全表面组装、单面混装和双面混装，如表 3-12 所示。

表 3-12 SMT 组装方式

组织方式		示意图	电路基板	焊接方式	特征
全表面组装	单面组装	A B	单面 PCB 陶瓷基板	单面再流焊	工艺简单，适用于小型、薄型简单电路
	双面组装	A B	双面 PCB 陶瓷基板	双面再流焊	高密度组装、薄型化
单面混装	SMD 和 THC 都在 A 面	A B	双面 PCB	先 A 面再流焊，后 B 面波峰焊	一般采用先贴后插，工艺简单
	THC 在 A 面，SMD 在 B 面	A B	单面 PCB	B 面波峰焊	PCB 成本低、工艺简单，先贴后插
双面混装	THC 在 A 面，A、B 两面都有 SMD	A B	双面 PCB	先 A 面再流焊，后 B 面波峰焊	适合高密度组装
	A、B 两面都有 SMD 和 THC	A B	双面 PCB	先 A 面再流焊，后 B 面波峰焊，并进行 B 面插装	工艺复杂，很少采用

注：A 面称元件面，B 面称焊接面；SMD 代表贴片元器件；THC 代表插装元器件。

贴装成型如图 3-39 所示。

3. 贴装工艺

（1）各装配位号元器件的类型、型号、标称值和极性等特征标记要符合产品的装配图和明细表要求。

（2）贴装好的元器件要完好无损。

（3）贴装元器件焊端或引脚不小于 1/2 厚度要浸入焊膏。

（4）元器件的端头或引脚均和焊盘图形对齐、居中。

图 3-39 贴装成形

4. 贴装三要素

（1）元器件正确——要求各装配位号元器件的类型、型号、标称值和极性等特征标记要符合产品的装配图和明细表要求，不能贴错位置。

（2）位置准确——元器件的端头或引脚均和焊盘图形要尽量对齐、居中，还要确保元件焊端接触焊膏图形，如图 3-40 所示。

（3）贴片压力（z 轴高度）要合适。

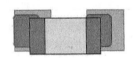　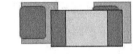

(a)位置正确　　　　　　　　(b)位置不正确

图 3-40 元器件的贴装位置

【任务测试】

（1）焊接贴片元器件时，要用到哪些安装工具？

_____

_____

_____

（2）使用热风枪时，应注意哪些事项？

_____

_____

_____

（3）贴片元器件的焊接工具及辅助材料有哪些？

_____

_____

_____

（4）安装什么元器件时，一般使用恒温电烙铁的焊接？

_____

_____

_____

（5）使用热风枪时，不同的物质选用不同的温度，具体有什么设定原则？

_____

_____

_____

（6）什么是拖焊？具体怎样操作？

_____

_____

_____

_____

【任务评估】

班级			姓名			学号				
评价项目	自我评价			小组评价			教师评价			
	8～10	6～7	1～5	8～10	6～7	1～5	8～10	6～7	1～5	
学生纪律 与积极性										
资料收集										
认识焊接工具 及辅助材料										
两脚元器件的 焊接										
BGA 封装元器件 的焊接										
SOP/QFP 封装 元器件的焊接										
安全操作 规程执行										

评价项目	自我评价			小组评价			教师评价		
	8～10	6～7	1～5	8～10	6～7	1～5	8～10	6～7	1～5
协作精神及时间观念									
整体任务完成情况									
总评									

任务三　万能充电器的制作

【任务目标】

（1）熟悉贴片元器件的识别与检测。

（2）掌握常用贴片元器件的安装、焊接方法。

（3）学会电路调试与维修。

【任务要求】

万能充电器是最常用的家用电器之一，通过本次任务，学生主要了解万能充电器的基本工作原理，熟练掌握贴片元器件的识别与检测，学会安装各种贴片元器件及电路调试，并学会排除一些常见故障，为今后从事电子电路制作打好基础。

【任务实施】

一、认识电路

万能充电器电路图如图 3－41 所示。万能充电器装配图如图 3－42 所示。

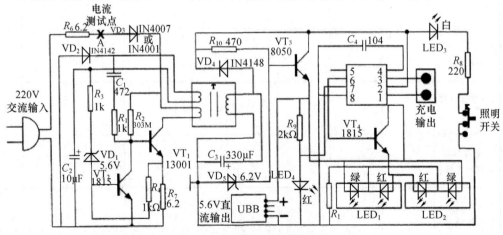

图 3－41　万能充电器电路图

二、元器件清点与检测

根据表 3-13 清点电路元器件。元器件实物如图 3-43 所示。

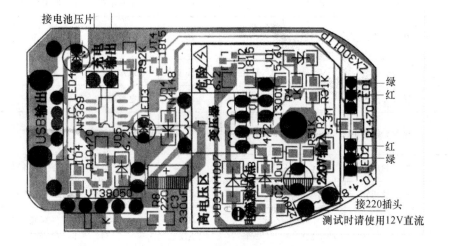

图 3-42　万能充电器装配图

图 3-43　元器件实物

三、电路元器件检测

学生可对应表 3-14 对元器件逐一进行检测，同时把结果填入表内，所有元器件的检测方法可参考前面的相关内容。

（1）贴片电阻：主要识读其标称阻值，用万用表检测其实际阻值，将测量值填入表 3-14。

表 3-13 　　　　　　　　　　　　　　　　　元件清单

代号	名称	规格与型号	数量	代号	名称	规格与型号	数量
VT_3	贴片晶体管	8050	1个	R_2	贴片电阻	3.3MΩ	1个
VT_2 VT_4	贴片晶体管	1815	2个	C_4	贴片电容	104μF	1个
VT_1	直插晶体管	13001	1个	C_1	贴片电容	472μF	1个
VD_3	贴片二极管	IN4007	1个	C_2	电解电容	10μF	1个
VD_2 VD_4	贴片二极管	IN4148	2个	C_3	电解电容	330μF	1个
VD_1	贴片稳压管	5.6V	1个	LED_4	基准发光管	红光（插件）	1个
VD_5	贴片稳压管	6.2V	2个	LED_3	高亮度发光管	白光（插件）	1个
R_6 R_7	贴片电阻	6.2Ω	2个	LED_1 LED_2	双色发光管	红绿光（插件）	2个
R_8	贴片电阻	220Ω	1个	K	两波段开关	（插件）	1个
R_1 R_{10}	贴片电阻	470Ω	2个	USB	USB插座	（插件）	1个
R_3 R_4 R_5	贴片电阻	1kΩ	3个	IC	贴片充电器管理集成块	NX369K	1块
R_9	贴片电阻	2kΩ	1个	T	变压器		1个

表 3-14 　　　　　　　　　　　　　　　　　贴片电阻检测

贴片电阻	R_1	R_2	R_3	R_4	R_5	R_6	R_7	R_8	R_9	R_{10}
标称值										
实测值										
好/坏										

（2）贴片电容及电解电容：识别判断其正负极，并用万用表检测其质量的好坏，将测量值填入表 3-15。

（3）贴片二极管：主要判断其正负极，并用万用表检测其质量的好坏，将测量值填入表 3-16。

（4）发光二极管：识别判断其正负极，并用万用表检测其质量的好坏，将测量值填入表 3-17。

（5）晶体管：识别其类型与三个引脚的序列，并用万用表检测其质量的好坏，将测量值填入表 3-18。

表 3 - 15 贴片电容检测

电 容	C_1	C_2	C_3	C_4
标称值				
正向漏电阻				
好/坏				

表 3 - 16 贴片二极管检测

二极管	VD_1	VD_2	VD_3	VD_4	VD_5
正向电阻					
反向电阻					
好/坏					

表 3 - 17 发光二极管检测

发光二极管	LED_1	LED_2	LED_3	LED_4
正向电阻				
反向电阻				
好/坏				

表 3 - 18 三极管检测

晶体管	VT_1	VT_2	VT_3	VT_4
判管脚				
测 β 值				
好/坏				

四、技能实训

1. 制作工具、材料准备

（1）工具：恒温电烙铁、镊子、剥线钳、螺钉旋具。

（2）材料：细焊锡丝、松香、海绵。

2. 元器件安装与焊接

（1）观察电路板上元器件布局并查找相应的元器件实物。

（2）安装时，先贴装低矮及耐热的元器件（如贴片电阻、电容、二极管），再安装大的元器件（如电解电容、开关），最后贴装怕热的元器件（如晶体管、集成电路）。

（3）焊接时注意各元器件对应位置确保无误时再进行焊接，根据工艺要求依次安装，先焊接贴片元器件（贴片电阻、电容），如图 3 - 44 所示。

（4）焊接贴片二极管（4148、稳压管、4007），要特别注意极性不能焊错（带色标的一端为负极）如图 3 - 45 所示。

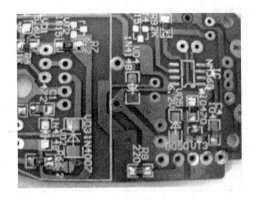

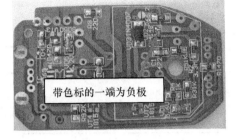

图 3-44 焊接贴片电阻、电容   图 3-45 焊接贴片二极管

（5）焊接贴片晶体管，要先分清晶体管的 e 极、b 极、c 极，再进行元件焊接，如图 3-46 所示。

（6）焊接贴片集成块芯片，芯片上带圆点的为第 1 脚，应对准印制电路板上的缺口焊接，如图 3-47 所示。

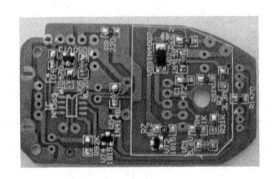

图 3-46 焊接贴片晶体管   图 3-47 焊接贴片集成芯片

（7）将其他直插元器件（变压器、晶体管等）安装并焊接完毕，如图 3-48 和图 3-49 所示。

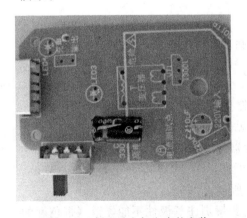

图 3-48 插座及电解电容的安装   图 3-49 其他直插元器件的安装

（8）安装外壳部件及引线，进入调试阶段，如图 3-50 所示。

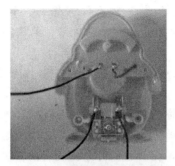
(a)安装外壳部件与引线

(b)电路板与外壳连线

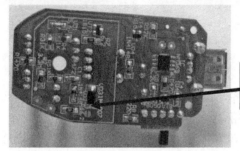
(c)连通A点

根据调试要求，合格后连通A点

(d)固定电路板在外壳上

(e)安装完毕

图 3-50　外壳与电路板的安装

3. 电路调试

在组装好后先不要接入 220V 交流电，防止安装错误导致烧毁充电器。应当准备好一台直流稳压电源，将电压调至 12V，再接入充电器的 220V 输入接口（注意电路板上方接正极，下方接负极）。如为交流，将电压调到 24V，这时不分正负极可直接输入。再用万用表的直流（如用交流就用交流挡测）电流挡测 A 点的电流，如果电流小于 10mA，同时 LED_1、LED_2、LED_4 发光管亮起（拨段开关打开后 LED_3 也有可能亮）说明充电器基本上没什么问题。可将 A 点焊接上，组装好外壳通 220V 工作。如果发光管全部亮起，并且测量 USB 输出端为 5～5.7V，充电器技术处端为 4.15～4.37V，则说明万能充电器组装成功，可对手机充电器充电了。

注意

充电器输出端通过两根导线连到电池压片上是不分正负极性的。如果电流超过10mA，并且指示灯不亮，则说明有问题，需要检查有没有哪里短路、装错的地方，维修直到能正常工作为止。

充电器调试成功后，正常工作状态为用充电器的可调触点与电池触点接触好时LED_1、LED_2为绿色，如果不为绿色而为红色，则将发光管调换$180°$焊接，LED_4为红色，拨段开关打开时LED_3亮起关闭时熄灭，再将充电器插到220V插座上，此时LED_1、LED_2应该红绿闪亮，如果充满就恢复为绿色。出现电池电量未满只亮绿色，此种现象多为电池电极与触片接触不良或电极接触错误所致，重新接触好触点进行改正。

4. 考核方式

(1) 作品的制作质量。

(2) 一对一的发问考试。

5. 考核内容

(1) 电路能正常工作。（占20%）

(2) 电路板的元件排列整齐，焊点标准，布线合理、美观。（占50%）

(3) 电路原理，元器件作用，故障分析等知识的认知。（占30%）

6. 小组总结制作电路时遇到困难与出现过故障（如表3-19所示）

表3-19 困难与故障

困难	解决方法	故障	解决方法
①		①	
②		②	

【任务测试】

(1) 元器件安装时，按什么顺序进行安装？这样安装有什么好处？

_____

_____

_____

_____

_____

(2) 通电后，若发光管一直呈绿色（电池未充满），可能是什么原因？

_____

_____

_____

_____

【任务评估】

班级				姓名			学号		
评价项目	自我评价			小组评价			教师评价		
	8～10	6～7	1～5	8～10	6～7	1～5	8～10	6～7	1～5
学生纪律与积极性									
资料收集									
电路的认识									
元器件清点与检测									
元器件焊接工艺									
电路板整体效果									
电路成功程度									
安全操作规程执行									
协作精神及时间观念									
总评									

任务四　贴片元器件的拆焊技术

【任务目标】

（1）学会在印制电路板上按工艺要求对贴片元器件进行拆焊。

（2）掌握拆焊的工艺要求与正确方法。

【任务要求】

本次任务主要学习怎样使用合适的工具和恰当的方法对贴片元器件进行拆焊，它也是电子制作工艺中的一项重要的技能。

【任务实施】

在调试、维修或焊错的情况下，常常需要将已焊接的贴片元器件拆卸下来。在实际操作上，拆焊器件要比焊接更困难，更需要使用恰当的方法和工具。如果拆装不当，便很容易损坏元器件，或使铜箔脱落而破坏印制电路板。因此，拆焊技术也是应熟练掌握的一项操作基本功。

一、拆焊工具

1. 恒温电烙铁

恒温电烙铁在拆装过程中比较常用，由于贴片元器件体积较小，最好能采用细尖头的恒温电烙铁（图 3-51），这样可以避免摔坏元器件。

2. 热风枪

拆卸多脚的贴片集成芯片时，常采用热风枪，它加热均匀并能控制加热温度，使贴片 IC 管脚焊锡均匀受热熔化，能更快更准地拆卸，而不影响印制电路板的质量（图 3-52）。

图 3-51　恒温电烙铁　　　　　　　　图 3-52　热风枪

3. 镊子

镊子采用比较尖的，而且最好是不锈钢的，因为其他的可能会带有磁性，而贴片元器件比较轻，如果镊子有磁性，则会被吸在上面下不来，处理起来比较麻烦。

4. 放大镜

由于贴片元器件体积比较小，在拆卸时需采用放大镜。放大镜选用有座和带环形灯管的，不能用手持式的代替，因为有时需要在放大镜下双手操作。放大镜的放大倍数需在 5 倍以上（图 3-53）。

图 3-53　放大镜

二、拆焊方法

1. 拆焊 2~3 脚贴片元器件

2~3 脚贴片元器件主要是指电阻、电容、二极管、晶体管等元器件，由于管脚较少，拆焊起来比较容易，常采用恒温电烙铁和镊子等工具进行操作，具体按以下步骤进行。

（1）由于贴片元器件较小，采用放大镜确定需拆卸的元器件具体位置。

（2）一手拿镊子夹紧元器件中央，另一只手持电烙铁快速接触元器件的各个管脚的焊点。

（3）待焊点全部熔化后，利用镊子将元器件从焊盘上拉出。

（4）用烙铁头清除焊盘上多余的焊料。

2. 拆焊多管脚贴片元器件

拆焊 SOP/BGA 等多脚贴片 IC 时，最好使用电子恒温热风枪来操作，吹焊时要求热风枪温度不得高于（340±10）℃，同时在吹焊时根据器件合理调整风枪高度，以保证该类器件的外观完整性和整机的电气性能。

注意

用热风枪进行拆卸，要注意观察是否影响到周边元器件，有些手机的字库、模拟基带、CPU 贴得很近。在拆焊时，邻近的 IC 可用频蔽盖或高温胶带来隔热隔离，起着保护周边器件作用。另外，要避免对电路板长时间加热，对电池等易爆炸器件要做好隔热措施，以免引起事故。

（1）利用夹具将电路板固定好。

（2）去芯片周边胶：将热风枪调整至 100℃ 左右，使用尖锐木制工具（如牙签等）去除元器件周围的胶粘剂，以保证芯片能被轻松卸下而不损及周围器件及电路板（在此状态下，焊锡尚未熔化，不会影响周边靠得较近的元件），如图 3-54 所示。

（3）加热：调整热风枪加热温度至 BGA 焊球熔点以上（如 350℃），保持一定时间以保证焊球熔化，不要加热太长时间（正常小于 1min），在保证焊球熔化的前提下温度尽可能低点（过快温度上升、过高温度、过长时间加热都会对电路板造成损伤）。

（4）芯片卸下：只要加热至 IC 焊球熔化，即可撬下芯片而不会损坏 PCB，胶在大于 100℃ 时已变软，很容易取下。可利用金属镊子在芯片一角轻撬芯片，将芯片从基板分离，如图 3-55 所示。

图 3-54　去周边胶　　　　　　　图 3-55　加热及拆卸

注意

判定焊锡有无完全熔化可以将主板芯片用镊子往下按压，如有焊锡溢出说明此时可以进行拆卸动作，切忌在焊锡未完全熔化时强行拆卸芯片。

（5）去除余锡：芯片取下后，芯片的焊盘与电路板焊盘上都有余锡，此时在主板焊盘上加适量的锡丝（助焊膏），用电烙铁将板上多余的焊锡缓慢去掉，在清除过程中可适当上锡，使线路板的每个焊脚都光滑圆润，然后再用酒精将芯片和机板上的助焊剂洗干净，除焊锡的时候要特别小心，否则会刮掉焊盘上面的绿漆或使焊盘脱落，如图3-56所示。

（6）清除底胶：设置热风枪温度为150℃，并用棉签涂助焊剂于PCB上残胶处，在放大镜下用热风枪及尖头镊子清除残胶，如图3-57所示。

(a)涂助焊剂

(b)清除残胶

图3-56　去除余锡　　　　　　　　　　图3-57　清除底胶

三、技能实训

1. 实操工具及材料

恒温电烙铁、热风枪、镊子、放大镜、棉签、焊锡、助焊剂及计算机主板。

2. 操作要求

（1）能认识并分辨各种贴装元器件。

（2）能利用恒温电烙铁及其他辅助工具拆卸贴片电阻、电容等少脚元器件。

（3）能利用热风枪及其他辅助工具和材料拆卸SOP/QFP/BGA类等贴片芯片。

3. 操作过程

（1）准备好计算机主板、元器件拆卸工具及辅助材料。

（2）使用恒温电烙铁拆卸贴片电阻、电容等两脚元器件。

（3）使用热风枪其他辅助工具和材料拆卸SOP/QFP/BGA类等封装贴片芯片。

（4）反复练习以上操作。

4. 操作指导

结合实操内容，操作示范各类贴片元件的拆卸方法及技巧，并强调注意事项。

5. 操作测试

采用考核计分形式，对学生的实操进行考核，从而了解学生的实操进度及效果。

【任务测试】

（1）拆焊贴片元器件需要哪些常用工具？

_____

_____

_____

_____

_____

（2）拆焊贴片元器件的具体步骤是什么？

_____

_____

_____

（3）拆焊多脚贴片元器件时应注意哪些问题？

_____

_____

_____

_____

【任务评估】

班级				姓名			学号		
评价项目	自我评价			小组评价			教师评价		
	8～10	6～7	1～5	8～10	6～7	1～5	8～10	6～7	1～5
学生纪律与积极性									
资料收集									
拆焊工具的认识									
贴片电阻、电容拆焊情况									
贴片二极管、晶体管拆焊情况									
多脚贴片芯片的拆焊情况									
拆焊手法的掌握									
安全操作规程执行									
协作精神及时间观念									
总评									

参 考 文 献

［1］ 陈雅萍．电子技能与实训［M］．北京：高等教育出版社，2009.

［2］ 刘宁．创意电子设计与制作［M］．北京：北京航空航天大学出版社，2010.

［3］ 姚彬．电子元器件与电子实习实训教程［M］．北京：机械工业出版社，2009.

［4］ 胡斌．电子工程师必备：元器件应用宝典［M］．北京：人民邮电出版社，2012.

［5］ 何丽梅．SMT 技术基础与设备［M］．北京：电子工业出版社，2011.

［6］ 龙绪明．电子 SMT 制造技术与技能［M］．北京：电子工业出版社，2012.

［7］ 那文鹏．电子产品技术文件编制［M］．北京：人民邮电出版社，2009.

［8］ 王成安．电子产品生产工艺实例教程［M］．北京：人民邮电出版社，2009.

［9］ 龙立钦．电子工艺技术［M］．成都：西南交通大学出版社，2009.

［10］ 廖芳．电子产品制作工艺与实训［M］．北京：电子工业出版社，2010.

［11］ 王建花．电子工艺实习［M］北京：清华大学出版社，2010.

［12］ 贾忠中．SMT 核心工艺解析与案例分析［M］．北京：电子工业出版社，2010.

［13］ 顾霭云．表面组装技术基础与可制造性设计［M］．北京：电子工业出版社，2008.